JN130964

終戦間際にP－51 マスタングと戦う川崎五式戦闘機（第1話）

イラク軍の機甲部隊を攻撃するイギリス空軍のトルネード（第２話）

マルタ島上空で戦うグラジエーターとCR42ファルコ（第４話）

ソ連のラドガ湖上空でメッサーシュミットを追うベルP－63キングコブラ（第6話）

上空左マーチンB－26マローダー、右ダグラスA‐20ハボック、中央はノースアメリカンB－25ミッチェル。すべて前輪機（第8話）

夕焼けの中、アメリカのホフマン空軍基地を離陸し、ヨーロッパへ
向かうB－2スピリットとB－1ランサー（第9話）

地中海のシドラ湾でイラク空軍のスホーイSu－17／20フィッターを撃墜するF－14トムキャット（第11話）

機体強度は実に14G！　農業専用機グラマン・アグキャット（第12話）

ユーゴ上空でSA－3ゴアの迎撃をうけるナイトホーク（第14話）

ベトナム戦争時、A - 1スカイレイダー攻撃機の掩護のもと、パイロットを救助するCH－53ジョーリーグリーンジャイアント（第15話）

アフターバーナーを轟かせて空母から発進するグラマンF－14トムキャット（第16話）

月明かりを利用してドイツ占領下のフランスに潜入するライサンダー汎用機（第17話）

ライバルの戦い。ハリケーン対メッサーシュミット（第18話）

B－29を襲う北朝鮮空軍のMiG－17bis（第19話）

NF文庫
ノンフィクション

航空戦クライマックスI

三野正洋

潮書房光人新社

まえがき

第二次世界大戦が終わっても世界情勢は全く安定せず、各地で戦争、紛争が続いている。その該当する地域では常に破壊が先行、悲劇が頻発し、それらは一向に収まる気配も見せない。

その一方でこれらの戦いに登場する軍用機は、ある種の輝きを見せ、一部の人々を魅了してやまない。

さらに戦いが終わっても、それは長く我々の記憶に残るのである。

例えば、太平洋戦争のすべての期間において主役であった日本海軍の零式艦上戦闘機／零戦なども、活躍の時期が過ぎ去って七五年という歳月が過ぎ去っても、その存在は我が国のみならず多くの国の人々の心を揺さぶるのである。

ただし同機の活躍する最高のシーンは、写真でも決して見ることは不可能である。これを再現する一つの方法は、欧米で根強い人気を誇る航空絵画アビエーションアートであろう。

R・テーラー、R・G・スミス、J・ヤングといった画家によって描かれた作品は、航空機、特に軍用機ウォーバーズの魅力を余すことなく伝えている。これに関しては上質な画集が数多く出版されており、著者もそれらを購入し、存分に軍用機の魅力を楽しんでいる。

もちろん我が国でも故生頼範義に代表される航空画家が存在し、素晴らしい作品を発表していることはご存知かもしれない。

これらのアビエーションアートを見ているうちに、自分でもなんとかこのような作品を製作できないものだろうか、と考えた。しかし前記の諸氏のような絵画の才能など持っているはずもなく、あくまで夢の世界であった。

その一方で、ある日自分でも、魅力的な軍用機の戦闘シーンを再現可能かもしれない、と突然思いつく。その理由としては、

・半世紀以上にわたり、日本はもちろん海外の航空ショーなどで撮影した写真が、手元に数万枚存在する。

・ここ数年、コンピュータ技術、とくにソフトの技術が飛躍的に向上し、なかでもフォトショップ、フォトダイレクターといったソフトを駆使すれば、より写実的なウォーバードのアートを作ることが出来るかもしれない。

ということなのである。

この二つの状況に思い至ったとき、素材となる鮮明な実機の写真さえあれば新しい最高のシーンを生み出せることを確信した。

繰り返すが、普通のCG（コンピュータグラフィック）ではなく、すべて実際の航空機の写真（これこそ命である。これがなければ今回の構想自体がすべて成り立たない）をベースに、ソフトを用いてアビエーションアートを制作する。

最初の例として海外旅行のさいにボーイング777旅客機の機内から外部を撮影した写真に、全く別な機会に写したジェット戦闘機を重ねて一つの作品を作ってみた。これはフォトショップで製作したものである。

これを年季の入った飛行機ファンの友人に見せたところ、合成とは全く気付かなかったのである。このことに力を得て、二年前から新しい航空絵画ＲＣＧによる航空戦のアビエーションアートの製作を開始した。

ＲＣＧとは著者が考案したREALPHOTO+COMPUTER GRAPHICの頭文字をとったもので、実機写真を元にしたコンピュータ絵画という意味である。

仕上がりに関しては製作者の技量にもよるが、アマチュアであっても最新のソフトさえあれば、素晴らしい、例えば零戦とグラマンの空中戦シーンを生み出すことが出来る。背景さえ南太平洋の蒼空、はたまた真冬の富士山上空といったロケーションも簡単に可能なのである。

しかも使用するコンピュータソフトも現在は極めて安価であり、しかも月ごとのレンタル制度もある。

本書をご覧になって興味を持たれた読者には、自分が撮りためた写真を使って、ＲＣＧに挑戦してみてはいかがであろうか。たとえば日本の政府専用機をエスコートする最新鋭のＦ－35はもちろん、すでに引退したＦ－４ファントム、さらに零戦さえひとつの画面に描くことが出来る。

また爆炎、火災の写真があれば、空中戦で被弾、炎上する軍用機さえ描くことは難しくない。

しかもいずれも実際の写真を流用しているので、実感は画家の描く絵画を大きく凌ぐのである。この点から本書はすべての飛行機ファンに、大きな夢と楽しみを提供したのではないか、と自負している。

ぜひ本書をお読みいただくと同時に、ＲＣＧに挑戦していただきたい。

なお本書の担当は次の通りである。

ＲＣＧ製作の役割分担及び本書の写真提供

・三野正洋：総括、写真提供、絵コンテ製作、本文執筆
・岩浪暁男：写真提供、ＲＣＧ製作
・持田　剛：ＲＣＧ製作、編集
・菊地拓海：ＲＣＧ製作

その他写真提供：金岡充晃、航空ファン編集部（文林堂）、ＵＳＡＦ、ＤｏＤ

航空戦クライマックスI——目次

航空戦クライマックスI

第1話　日本軍戦闘機隊　最後の奮戦

――海軍局地戦闘機と陸軍の五式戦

大日本帝国の落日が迫っていた。B―29大型爆撃機の空襲により、本土の都市は次々と灰燼に帰し、加えて空母機動部隊の艦載機が各地の飛行場、交通網を攻撃する。さらに日本陸海軍は燃料の逼迫に悩まされ、壊滅寸前であった。

このような中で、最後の輝きとも言える、二つの空中戦を追ってみる。

○海軍戦闘機隊　一九四五年三月一九日の空戦

日本海軍は全国でただ一つ、新鋭戦闘機、ベテランパイロットを集め、最強の戦闘機隊を作り上げていた。これが愛媛県松山市の第三四三航空隊で、通称剣（つるぎ）部隊と呼ばれていた。

二〇〇〇馬力のエンジンを備えた川西紫電、紫電改を、予備機を含めると七〇機以上、さらに直属の偵察機まで揃えている。またこの部隊の所属機には、日本軍の戦闘機には珍しく無線電話まで用意されていた。

与えられた主な任務は、広島県の軍港、および工廠県の防空であった。

三月一九日、アメリカ軍の空母からF6Fヘルキャット戦闘機、TBFアベンジャー攻撃機、SB2Cヘルダイバー爆撃機が合わせて160機、これが3波に分かれて来襲する。

あらかじめ彩雲偵察機の報告を得ていた三四三空は、五四機を繰り出して、この大編隊を迎撃した。瀬戸内海の上空は一日中硝煙と爆音の満ち、これに激しい対空砲火の発射音が加わった。

この時期、限られた空域に五〇機を超える戦闘機が一度に出撃することは、きわめて稀で、この航空隊には大きな期待がかけられていた。

終日続いた空戦の結果、日本側は五〇機の撃墜を報告している。一方、損害は未帰還機一五機、地上で破壊されたもの五機であった。

報告のとおりだと、来襲したアメリカ機の約三分の一を撃ち落としたことになり、空前の勝利であった。

それでは、次にアメリカ側の資料を見てみよう。

撃墜されたもの八機、損傷により母艦まで帰投できず不時着水を余儀なくされたもの四機、着艦後に廃棄されたもの四機で合わせると一六機となる。

一方、報告された戦果は、日本機の撃墜五七機とされている。

どちらも戦果は過大で、やはり自軍の公表した損害が正確な記録と言えようか。それにしても敗色濃い一九四五年春の時点で、一六機の撃墜は高く評価すべきであろう。現在、当時の空域に近い愛知県愛南町にはのちに付近の海中から引き上げられた紫電改が、レストアされて、静かに翼を休めている。

またアメリカのワシントンの博物館に展示されている紫電改は、この見事な勇戦ぶりを発揮した第三四三航空隊の塗装である。どちらも充分一見の価値があろう。

○陸軍戦闘機隊　一九四五年七月二五日

前線で戦う兵士たちにはわからなかったが、日本の降伏はごく近いところまで迫っていた。

そして実質的には最後と思われる空中戦が、滋賀県八日市市の上空で、終戦の二〇日前に行なわれている。

来襲したのは空母ベローウッドからのグラマンF6Fの二三機からなる編隊であった。この編隊は攻撃機、爆撃機を伴っておらず、したがってファイタースウィープ（戦闘機のみによる戦闘行動）によるものであった。

これを要撃したのは、東京都の調布を基地としている飛行第二四四戦隊の五式戦闘機である。五式戦は、川崎航空機が製造していた液冷エンジン付きの三式戦飛燕の後継機であった。故障続出の発動機を、空冷一五〇〇馬力のハ－一一二／金星に交換したが、これは期待以上の成功を収め、陸軍の操縦士のなかには「本機こそ理想の戦闘機」と述べる者もあったと伝えられている。

二四四戦隊はこの日、早くから敵機来襲の情報を得て、アメリカ機を待ちかまえていた。

そして一八機の五式戦が上空からF6F編隊を奇襲する。指揮官の小林照彦は若いが歴戦のパイロットで、すでに一〇機の戦果を記録していた。

空中戦は数がほぼ同数とあって、完全な混戦となり、かなりの時間続いた。

しかし母国上空で戦う側の優勢は次第にはっきりしてきており、燃料の心配があるアメリカ機は戦場からの離脱をはかる。

最終的に日本側は一二機の撃墜を報告、損害は二機にすぎなかった。他方、アメリ

呉軍港を160機に及ぶ大編隊で襲った海軍機F6FとTBF

スミソニアン博物館に展示されている紫電改。尾翼の数字に注目

イギリス空軍博物館の五式戦。機首が長く、非常にスマートである

カ側は八機の撃墜、二機の損失を主張している。ここでも両軍の戦果は過大である。

また損害（被撃墜）が互いに2機とすると、この空戦はそれほど大きな規模ではなかった可能性もある。

多分、結果も剣部隊の戦闘と同様に、引き分けに近い形と判断するのが正解かもしれない。

それでも日本側は燃料不足、地上施設の損壊という悪条件下で、たとえ引き分けでも十分評価されるべきなのである。

それにしても出力一五〇〇馬力の金星付き戦闘機は、速度こそそれほど高いとは言えないものの見事な運動性、信頼性を発揮し、四式戦疾風以上の活躍をしている。

この事実を知ると、日本海軍は戦争の中期に零戦のエンジンを、一刻も早く金星に載せ替えるべきだったと痛感させられる。

なお五式戦はイギリスの空軍博物館に素晴らしい状態で残されており、一時はエンジンも稼動している。飛行は無理としても、広大な飛行場でランナップする姿をぜひ見たいものである。

第2話　イラク軍の飛行場攻撃
——トルネードの死闘

一九九一年の春のイラク、クウェートを舞台に行なわれた湾岸戦争は、後方の支援部隊を含めると二〇〇万人の兵員が激突する大規模な戦いであった。

航空戦に限ると、とくに注目を集めたのは、アメリカ空軍のF－15イーグル戦闘機であった。

アメリカ、イギリス、フランスなど三八ヵ国からなる多国籍軍は、この戦争の空中戦で三三機のイラク軍機を撃墜した。この数字にはヘリコプターは含まれていない。

この三三機のうち二九機、つまり八八パーセントがイーグルによって撃ち落とされ、しかも自軍の損害は皆無であった。戦争の全期間を通じてF－15二機が撃墜されているが、いずれも相手は戦闘機ではなく、対空ミサイルとなっている。

空の戦いで、まさにイーグルは無敵と言えた。さらにサウジアラビア空軍のF－15も二機を撃墜している。

これを合計すると三三機中、実に三一機という驚異的な戦果である。

しかし見方によっては、イーグルの勝利はそれほどの困難を排して、という感じではない。常にアメリカの早期警戒管制機であるAWACSが、上空からイラク機の動向を調べ、それをイーグルのパイロットに伝えていたからである。

あるイラク機は、格納庫を出て誘導路を移動し始めたときからレーダーに捕捉されており、離陸後一五分足らずで撃墜されている。

このように比較的楽な戦いを続けたアメリカ空軍の戦闘機部隊とは対照的に、過酷な攻撃に投入され大きな損害を出してしまったのが、イギリス空軍のパナビア・トルネードである。

この一九七九年一〇月に初飛行した可変翼の戦闘／攻撃機は、イギリス、ドイツ、イタリアによって共同開発されている。

本機は攻撃機、戦闘機、電子戦用機と三種に分かれているが、湾岸戦争で使われたのは主として地上攻撃を主任務とするIDSと呼ばれるタイプであった。

そして目標となるのはイラク軍の飛行場で、同軍はクウェートに近い地域に三〇カ所の航空基地を建設している。

　戦争になれば、これらが最初に攻撃の目標になることは、どちらの側にとっても、自明の理であった。飛行場周辺には、各種の対空砲、赤外線追尾型ミサイル、レーダー誘導型ミサイルが配備され、考えられる限りの防衛態勢をとっていた。兵器のほとんどは、他の兵科同様に旧ソ連製である。

　このさいのイギリス軍の攻撃戦術は、超低空で飛行場に侵入し、滑走路などに特殊なクラスター爆弾を投下するというものである。敵軍の対空火器が待ち構える真っただ中へ飛び込むのである。

　この飛行場の破壊作戦のために、イギリス軍は一八機のトルネードを準備していた。これらを次々に投入し、出来るだけ早く基地を使用不能にすることは、このあと侵入する味方機のためにもどうしても必要であった。

　トルネードは超低空で砂漠を飛び切り、目標に接近する。攻撃は昼間行なわれたため、イラク側の対空火器、対空ミサイルは凄まじい数発射され、飛行場周辺に弾幕を張った。

　しかしクラスター爆弾を命中させるためには、どうしてもこれを突破しなければならない。

トルネードは次々と滑走路に沿って高速で接近、JP223と呼ばれる爆弾を投下し、そのあとは蛇行しながら脱出をはかる。

英空軍はこの種の攻撃を三日間続けたが、損害は思いのほか大きく、七機のトルネードが撃墜された。

このほとんどは赤外線、レーダー誘導のミサイルによるものである。

一八機中七機を失ったため、イギリス軍はその後の攻撃を断念せざるを得なかった。

高速で進入し滑走路に爆弾を叩きつけるこの戦術は、壮烈極まりないものではあったが、すでに時代遅れで、犠牲も大きかったのである。

しかも戦後の調査では、このクラスター爆弾の効果は意外に小さかったとされている。子爆弾の爆薬の量が少なく、一部の滑走路は爆撃後も使用可能だった。

このあとイギリス空軍は戦術を変更し、同じトルネードを使いながら爆撃高度を大幅に変更したうえレーザー誘導爆弾を用いている。

これは目標に向けてレーザー光線の筋道を作り、爆弾はこれに乗って目標に向かう。高度が高いので、対空火器と歩兵携行型のミサイルの脅威は大幅に減少する。

さらに同じ対地攻撃機ながら旧式化している、ホーカーシドレー・バッカニアを、トルネードの支援のために出撃させた。バッカニアはもともと艦載機だが、イギリス

最大級の爆装で待機するイギリス空軍のトルネード

30ミリ・アデン砲とJP233収束爆弾

トルネードの攻撃を支援したバッカニア艦上攻撃機

海軍から空母がなくなり、空軍の所属となったものである。退役が近かったものの、レーザー放射システムを装備していたため、一〇機前後が攻撃に参加している。

それにしても同空軍は、なぜ危険な任務にトルネードを使用したのであろうか。この理由ははっきりしないが、イラク側の防空陣の能力を軽視していたのかもしれない。

いずれにしてももはやこのような飛行場への強襲という戦術は過去のものとなった。

それでもトルネード部隊の犠牲覚悟の猛攻は、航空戦史に永く残るにちがいない。

第3話　美女の競演
――アメリカ陸軍機のノーズアート

第二次世界大戦、とくに太平洋戦線に登場するアメリカ陸軍機（空軍の創立は戦後である）は、戦闘機、爆撃機から輸送機まで、申し合わせたように機首にノーズアートと呼ばれる女性の絵を描いていた。

なかには公にすることを憚れるほど、セクシーで半裸の娘が描かれ、そばにはこれまた問題になりそうな品があるとは言えないスラングが加わる。

航空史を振り返っても、このようなイラストは、大戦中、そしてアメリカ陸軍機に限ってのことではないだろうか。

軍用機にイラストを描くのは、第一次大戦時から見られ、それらは鳥、魚、動物などであった。

また大戦中のアメリカ海軍機の一部には、W・ディズニーの漫画のキャラクターが描かれている。しかし当時ピンナップガールと呼ばれた下着姿の女性を堂々と描くという神経は、アメリカ人だけのものと考えられる。

陸軍航空隊の上層部は、このような行為を許可していたのだろうか。まさか推奨していたはずはない。となると〝黙認〟が本当のところなのではあるまいか。ともかくノーという命令はなかったはずである。

それではこのノーズアートについて、とくに興味深い幾つかのエピソードを紹介しておきたい。

○P－51マスタングのノーズアート

下着姿の女性で、モデルはアメリカの新聞に長期にわたって連載されていた漫画の主人公ブロンディである。お人好しの夫と飼い犬のデイジーの日常を描き、親子二代の作者が半世紀にわたって描き続けた。ブロンディは、このマスタングに限らず、いろいろな航空機に登場していて、ポーズも数十種類存在する。

またとくに彼女を取り上げたのは、我が国と不思議な縁があるからである。

漫画ブロンディは、戦後の一九四九～五一年の間、朝日新聞の朝刊に連載されていた。この主人公のイラストが、宿敵マスタングの機首に描かれていたという事実を、当時の日本人は全く知らなかったのである。

○P－38ライトニングL型のノーズアート

こちらは風呂上りに、バスタオルだけの姿の美人で、カリフォルニア・キューティ（可愛い娘）である。このイラストも興味深いが、同時に描かれたマークも見逃せない。これらはノーズアートではないが、じっくり見るとこのライトニングはヨーロッパ戦線で、多種の任務を遂行していたことがわかる。爆撃隊の上空エスコート、戦闘機掃討（戦闘機のみによる敵機の撃滅戦）、鉄道車両への攻撃、爆弾を抱いて戦闘爆撃機として出撃など。

ノーズにこれほど出撃の詳細が書き込まれる例は珍しい。

○B－17フライングフォートレスのノーズアート

たぶん、アメリカで一番有名な飛行機がこの「メンフィスベル」である。ベルは美人を指す俗語である。このB－17は二五回のドイツ爆撃行を無事終えて、この戦歴がアメリカ国内に大きく報道された。

上：P－51 戦闘機のノーズアート〝ブロンディ〟。漫画のヒロインである
下：P－38 の出撃マークと〝カリフォルニアの可愛い娘〟

上：こちらは有名なＢ－17爆撃機の〝メンフィスの美人〟
下：自分の愛妻の写真を描いたＰ－38ライトニング戦闘機

このころ、一九四三年の春、イギリス駐留のアメリカ第8空軍の爆撃隊は、ドイツ上空で甚大な損失を出していた。

これに関してアメリカ国内で風当たりが強く、それを和らげるためのキャンペーンとしてメンフィスベルは大々的に宣伝されたのである。

この機のクルーを主役にした映画が一九四三年に作られ、また一九九〇年には再映画化されている。

さらにこの塗装のB－17はテネシー州メンフィスの空港に、現在も当時そのままの姿で展示され、見学も可能である。

○P－38ライトニングJ型のノーズアート

太平洋戦線で日本機四〇機を撃墜したR・I・ボング少佐。彼はアメリカが生んだ最高のエースであり、議会名誉勲章を受けている。地上では非常に温厚だが、いったん空中に上がると激しい闘志を燃やし、戦い続けた。それにしても愛機にこれほど個人的なイラストを描き込む神経が、日本人にはなかなか理解できない。日本機の撃墜マークに加えて美しい女性が描かれているが、これはのちに妻となるマージ・ビテンダールである。

ボングは日本機との激烈な戦いを生き延びたが、のちにロッキードP－80シューティングスターのテスト飛行中に殉職している。このイラストのライトニングは、ウィスコンシン州のEAA博物館に飾られている。

さて、それにしても半裸の女性、あるいは自分の恋人のイラストを、政府の所有物に勝手に描いてしまう、このアメリカ人の精神について、どのように考えればいいのだろうか。

当時の我が国では「男女、七歳にして席を同じにすべからず」といった教育がなされていた。この違いは、立派に文化人類学の研究テーマになりそうに思える。

戦時中の雑誌（たぶん航空朝日）に、日本陸軍の軍人がニューギニア戦線に不時着したノースアメリカンB－25爆撃機を眺める写真が載っている。機首には下着姿で自転車に跨るピンナップガールが描かれている。軍人たちの表情は残念ながら後ろ姿なので見えない。

彼らから、この場所で、イラストを見たときの正直な感想を聞いてみたかったと思うのは、現代の日本人ならだれでも同じだろう。

それにしてもアメリカ人というのは不思議な人種である。

第４話　旧式戦闘機の伝説が生まれた

――マルタ島のグロスター・グラジエーター

東西に長く伸びた地中海。そのほぼ中央にマルタ島がある。かつてはイギリス領であったが、現在は独立してマルタ共和国となっている。

第二次大戦の中頃、この面積二五〇平方キロの島を巡って、一つの伝説が生まれた。今から振り返ると、取り上げる価値があるのかどうかわからないが、当時にあってはイギリスの国民を大いに力づけたのである。

枢軸側のイタリアは、いうまでもなく目の前の海の覇権を握ろうとしていた。対岸の北アフリカで、同国の軍隊はイギリス軍と戦いを交えており、これに対する補給は必須である。このため島の無力化は絶対の目標と言える。

他方、イギリスから見れば、マルタ島はその補給を絶ち切る重要な拠点であった。

また西のジブラルタル、東のアレキサンドリアを結ぶ航路の中間に位置し、この島を失うことは、北アフリカ、エジプト、そして地中海全域の喪失を意味している。

この状況から島を巡っては幾多の海空戦が勃発し、周辺には多くの艦艇が沈み、航空機が姿を没している。

地理的に見た場合、イタリア側が圧倒的に有利であった。同国南部のシチリア島からマルタまで、わずか一〇〇キロである。航続距離の短い戦闘機にとっても当然行動半径に入る。

反対にイギリス側としては、ジブラルタル、アレキサンドリアから一五〇〇キロもあって、補給は船舶に頼らなくてはならない。

またイタリア側もその事実を理解しているので、海軍、空軍の戦力を動員して阻止行動に出る。

マルタ島の首都バレッサには艦隊の基地が、また島内には数か所の飛行場が存在し、これがイタリアにとって目の上の瘤であった。

一九四二年のはじめから、まず空軍の戦闘機、爆撃機を送り、基地、飛行場の殲滅をはかり、イギリス軍と激しく戦った。

前者はフィアットCR42ファルコ(鷹の意)複葉戦闘機、G50フレッチア(矢)戦闘機、後者はサボイア・マルケッティＳＭ79三発爆撃機が中心となって、幾度となくマルタを襲う。

このＳＭ79は、非常に珍しい三つのエンジンを備えた爆撃機であった。日米英にこのタイプの多発機は存在しない。

イギリス側の迎撃戦闘機はホーカー・ハリケーン二〇機、グロスター・グラジエーター一五機である。ハリケーンは少々旧式ながら、この戦域では充分活躍できる性能をもっていた。

しかし複葉の戦闘機グラジエーターは一九三四年九月の初飛行という、かなり古い戦闘機であった。日米の場合、この頃に複葉戦闘機は全く存在しない。

もっともイタリア側もフィアットＣＲ42をまだ使用中で、この点について旧式機同士の空戦もたびたび起こっていた。

それにしても距離的に有利なことから、空襲が頻繁に実施され、イギリス側の戦闘機の損害は日増しに増えていった。ジブラルタルからの航空機の増援は、航空母艦に頼らざるを得ず、状況は苦しさを増す。

迎撃戦闘機の不足は深刻の度合いを深めた。マルタの運命は風前の灯となる。

そのような中、イギリス国防省は猛烈なキャンペーンを開始する。

それはまさに伝説となるようなものであった。

「マルタ島の危機を救うべく、強力な三機のグラジエーター戦闘機が、島の制空権を維持している。練達のパイロットによって操縦される三機は、希望（hope）、慈愛（charity）、誠実（faith）と名付けられ、マルタ島民の期待に見事に応え、反対にイタリア空軍にとってはまさに悪夢そのものである」

この情報はイギリス国内に連日伝えられ、国民は熱狂的にこの旧式な戦闘機に声援を送った。

このような状態が三週間ほど続いた後、ジブラルタルを出港した空母が二〇〇キロまでマルタに接近し、二四機のハリケーンを送り出した。

これが成功し、島の制空権は維持されたのである。

冷静に見るまでもなく、マルタ上空の制空権の争奪の主役はハリケーン戦闘機である。数からいえば常にグラジエーターよりはるかに多数配備され、性能的にも優れている。

大体において一九四〇年代でありながら、複葉、固定脚の戦闘機などあまりに時代遅れであり、英仏海峡上空、太平洋の戦いではとうてい投入できる代物ではない。なにしろ日本陸軍の九七式、海軍の九六式よりかなり低性能なのである。この二種は固

現在でもフライアブルなグロスター・グラジエーター

イタリア空軍の好敵手CR－42ファルコ

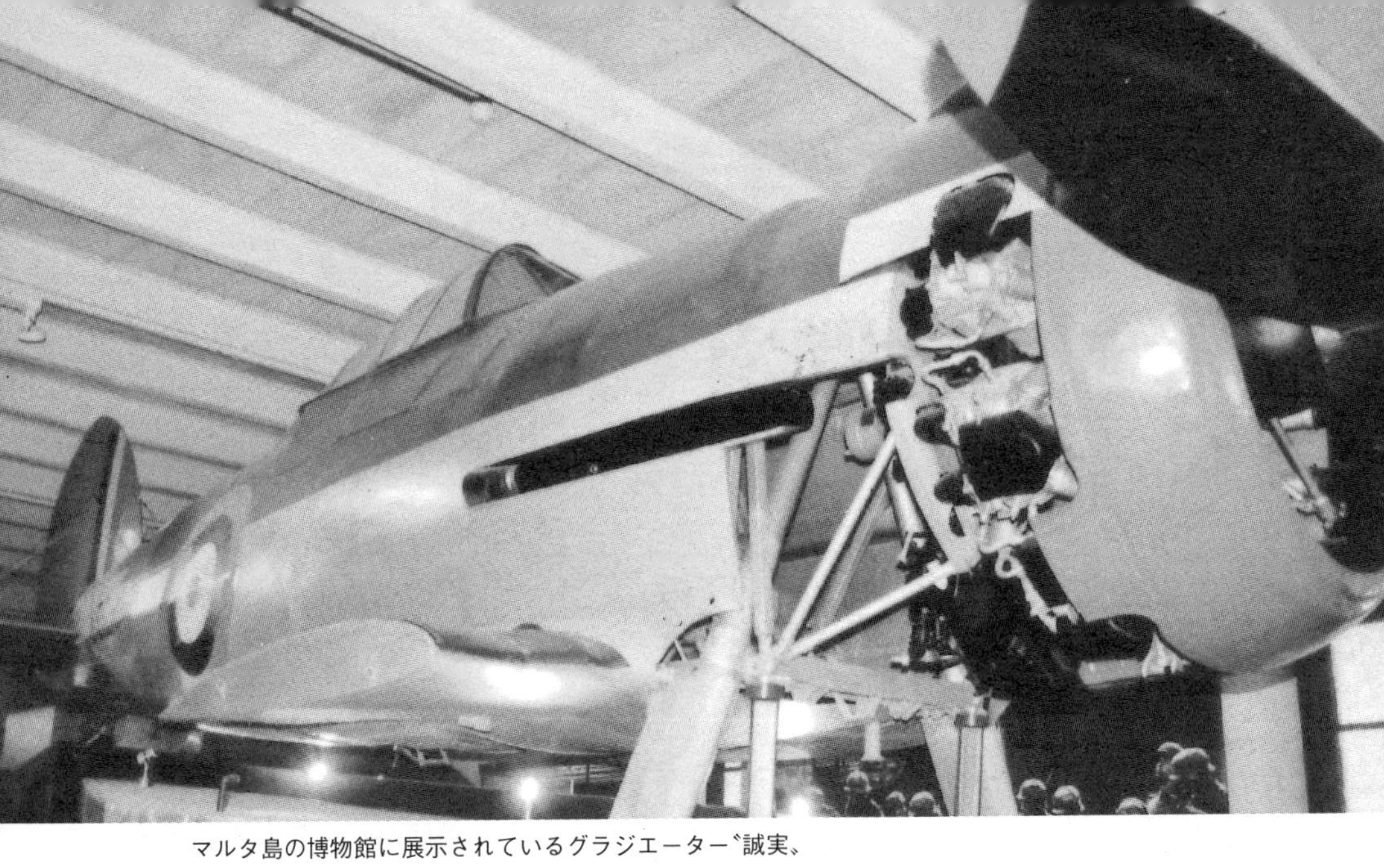

マルタ島の博物館に展示されているグラジエーター〝誠実〟

定脚であるが、単葉機である。

それにもかかわらずグラジエーターが多少なりとも活躍できたのは、マルタ島の戦いだけではなく、全戦線において、イタリア軍の闘志、新機材の不足によるところが大きい。

どのように考えてもこのような超旧式の戦闘機が、それもたった三機では戦力にはなり得なかった。しかしイギリス国防省としては、当然その事実を知っていながら、国民の士気高揚のため、伝説を生み出したのであった。正直なところ、現代から振り返ると希望、慈愛、誠実という名前さえ、なんとなく気恥ずかしいといった印象を拭えない。

それでも現在、マルタ島の航空博物館には、一機のグラジエーターが展示され、観光客の視線を集めている。まあ伝説とは往々にして、このようなものなのかもしれない。

	グロスター・グラジエーター	フィアットCR42ファルコ
全幅	九・八m	九・七m
全長	八・二m	八・三m

翼面積	三〇・〇㎡	二二・四㎡
自重	一五五〇kg	一七二〇kg
エンジン出力	八四〇㏋	八四〇㏋
最大速度	四〇五km／時	四三〇km／時
航続距離	七四〇km	八〇〇km
武装（口径×門数）	七・七㎜×四	一二・七㎜×二～四
乗員数	一名	一名
生産数	五一〇機	一七八〇機
初飛行	一九三四年九月	一九三九年二月

第５話　土豚と雷

——湾岸戦争における戦車壊滅戦

フセイン大統領率いる中東の大陸軍国イラクが、石油を巡る国境紛争を理由に、小さな隣国クウェートに侵攻したのは一九九〇年八月のことであった。

国連が速やかにこの行為を侵略と認めたことにより、アメリカを中心とする多国籍軍がイラクを攻撃する。

イラクは外海に面している部分がきわめて少なく、海軍は十数隻のミサイル艇を有するのみであったが、一方、陸軍は兵員数、機甲兵力から見て、世界第四位であった。

ＡＦＶと呼ばれる戦闘車両（戦車、装甲車、自走砲）の総数は実に八〇〇〇台といわれ、そのほとんどが旧ソ連製であり、これを七五〇機からなる空軍が支援している。

フセインのイラク軍をクウェートから駆逐する多国籍軍にとって、この戦闘車両の大群は悩みの種であった。

兵員数ではほぼ互角であったが、戦車の数は半数しかなかった。ただ航空機は四倍近く、この点が多国籍軍の強みである。それにしても八〇〇〇台という数には驚かされる。

我が国の陸上自衛隊が持つ機甲戦力は、すべてを合わせて二〇〇〇台なのである。

開戦が決定すると、中核となっているアメリカ軍は、二つの航空戦力を投入してイラク軍戦車の破壊を目指す。

ここにもはや歴史上最後とみられる、砂漠を舞台とし、目標をAFVに絞った対地攻撃の幕が開いた。

まず一つは、AH－64アパッチ、AH－1コブラ、WG13リンクスなど攻撃ヘリコプターの大量投入による撃滅である。もう一つは固定翼機で、主役はいうまでもなくフェアチャイルドA－10サンダーボルトⅡ地上攻撃機であった。

後部胴体の両脇にエンジンを装備するという独特なスタイルの〝雷〟は、カタログ上の性能は高くないものの、強力なアベンジャー三〇ミリガトリング砲とマーベリック対戦車ミサイル、そして対空火器への優れた抗堪性を誇っていた。

この戦争では一三〇機が初日から、攻撃ヘリと同様に低空から砂漠に展開するイラク軍戦車を襲った。このさいには、偵察・前線管制型のOA－10が目標を探し出し、この指示によってA－10がそれらを破壊するという戦術がとられた。

この効果は明白で、最初の一週間で八〇〇台以上のソ連製T－62、T－72といった戦車、BTR60などの装甲車が砂漠のなかの鉄くずと化している。

その一方で、晴天の雷は、超低空から比較的低速で攻撃を繰り返すため、イラク軍の機関砲、歩兵携行型ミサイルによる損害も大きかった。いかに優れた抗堪性、サバイバル能力といっても、A－10部隊は無傷では済まず、六機が撃墜されている。

これとは全く異なり、ほぼ同様な戦果を挙げながら、損失は一機に留まった航空機があった。それが本稿で紹介するジェネラル・ダイナミックF－111アドバーク戦闘・攻撃・爆撃機である。

本機は、可変翼をもち、海軍と空軍で共用するという目的で開発されている。

重量は最大四二トン近く、海軍の艦載機として同じ可変翼のグラマンF－14トムキャットよりも一〇トン以上重い。

ベトナム戦争では、事故、故障に加えて、北ベトナムの対空火により多くの損失を記録している。ともかくFの記号がついているものの、戦闘機としては全く使用され

アドバークの後を継いだA－10サンダーボルト

A－10。後退角のない主翼となっている

イギリスの基地で出撃を待つF－111大型攻撃機アドバーク

F－111。大きな重量を支える頑丈な主輪に注目

ず、生産数五六〇機のうちかなりの数が電子偵察機EF－111に改造されてしまった。ところが湾岸戦争では、残りの七〇機がこれまでになかった戦車攻撃機として思いもよらぬ活躍を見せる。

それは攻撃ヘリ、A－10とは完全に異なる、中高度からの爆弾を使用する戦術であった。

富士山と同じ高さである四〇〇〇メートル前後から、高性能の赤外線センサーを用いて、砂漠に配置されているイラク軍戦車を探す。

これは昼間では地表の温度が高すぎて探知できず、もっぱら夜間に実施された。夜、ほとんど行動しない戦車は、砂漠の急激な温度低下により、赤外線では白く見える。しかし周辺の砂、土は空気を含んでいるので、薄い灰色なのである。

こうして戦闘車両を見分けるわけだが、四〇〇〇メートルの高度から、識別可能とはセンサーの解像度が素晴らしいという以外に無い。

目標が確認されると、誘導装置つきの二二五キロ爆弾が投下される。この爆弾は、ミサイルと異なって自身の推進手段を持たず、原則的に自由落下である。

その後、F－111はレーザー光線を発射し、目標を定める。すると爆弾は空気力学的なフィンを用いて、このレーザーのパスに従って戦車に向かう。

いわゆるレーザーライダー方式で、規定の高度から投下し、二〇メートル四方に着弾、戦車を完全に破壊する。これによりＡＦＶの破壊は七〇〇台に上った。

ベトナムの悪評を、この戦争で見事に払拭したのであった。しかしアドバークという名前にはなんとも首を傾げざるを得ない。これは、アフリカに棲む土豚（つちぶた）の意味で、大型ながらスリムなＦ－111の外観には全くそぐわないと思うのだが。

第６話　正反対の評価をどう考える
——ベルＰ－39とＰ－63戦闘機　コブラシリーズ

現在、アメリカのベル航空機会社は、ヘリコプターメーカーとして世界屈指の実力を誇っている。しかし第二次大戦当時は、周囲を見渡しても他に類を見ない特殊な戦闘機を送り出し、歴史にその名を残した。

ここではエンジンを操縦席の後ろに置く、いわゆるミッドシップ配置の戦闘機の評価について検討しよう。ベル社が送り出したのは、次の二種である。

・ベルＰ－39エアラコブラ　一九三九年四月　初飛行
・ベルＰ－63キングコブラ　一九四二年一二月　初飛行

この両機は基本的には同じで、後者が改良型と考えて良い。特徴としては前述のごとくエンジンが機首ではなく、重心位置に配置されている。

・戦闘機としてこの時代に一般的であった尾輪式ではなく、大変珍しい前輪式である。まさに第二次大戦で実戦に登場した、稀有の存在であった。
とくにもっとも重量のある発動機を、機体の重心位置におけば、運動性は格段に向上する。これは競走用自動車でも同様で、とくにラリーカーではかなりの期間にわたって流行したことがあった。

このようにして生まれた二匹の毒蛇であったが、これ以外のマイナス点がいくつもあった。まず搭載した初期型のアリソンエンジンの出力が、一二〇〇馬力と重量に対して十分でなく、速度、上昇力ともに不足がちであった。

さらに翼面積が小さく、航続距離が短かった。このため最初のロットは、イギリスに引き渡されたものの、ドイツ戦闘機に大きく劣ると判断されて、半分はアメリカに返還、残りも練習戦闘機の扱いであった。

P－39、63ともにプロペラシャフトに三七ミリという大きな口径の機関砲を装備していたが、イギリス空軍はこれを無用の長物と考えていたようである。

このエアラコブラを改良して、一九四二年からキングコブラが生まれた。

まずエンジンを一三五〇馬力まで強化、主翼面積を四平方メートル増やし、垂直尾翼を大きくし安定性を高めた。また馬力の向上に伴い、プロペラを四枚にしている。

これだけの改良を行っても、全般的な性能はそれほど変わらず、P－63に対する風当たりは厳しかった。

やはりアリソンでは、傑作発動機マーリンに太刀打ちできなかったのである。

これはイギリス空軍だけではなく、アメリカ航空隊についても同じ評価であった。

ところがこのような状況のなか、アメリカではエアラ、キングコブラの生産について用兵者の意向など気にせずに続けられた。

P－39は9550機、P－63は三五〇〇機とあわせて一万三〇〇〇機以上が送り出されたのである。

日本海軍の主力戦闘機である零戦のそれが一万四〇〇〇機であるから、恐るべき数と言わなければならない。

これらはその一割が太平洋戦線に送られ、零戦、隼と戦った。日本軍の兵士は、コブラではなくその形から〝かつおぶし〟と呼んでいた。

イギリス、アメリカで低い評価しかされなかったことから、生産数の半分以上が、侵攻してきたドイツ軍と死闘を繰り広げているソ連に送られた。

これには連合国に適用される、レンドリース法（無償の武器貸与法）によるものであった。

上：ミッドシップエンジンのＰ－39 エアロコブラ
下：Ｐ－39 よりもかなり洗練されたＰ－63 キングコブラ

手前の白い棒がエンジンからの延長軸。左端がミッションである

意地の悪い解釈をすれば、あまりに低性能で使い道がないから、ソ連に送ってしまおうということなのかも知れない。ところが七〇〇〇機以上届けられた二種の戦闘機を、ソ連は見事に使いこなすのである。

まず三七ミリ砲の携行弾数を大幅に増やし、装甲板を増設、一部にはアリソンをより強力なクリモフエンジンに載せ替えている。

さらに性能が高いとは言えない事実を知り、ドイツの戦闘機との空戦は出来るだけ回避する。

任務は徹底的に低空における対地攻撃に絞る。機首の機関砲を特殊な対戦車砲弾が使えるように改造した。

新しい雇い主の熱意は、毒蛇にも十二分に伝わり、東部戦線で活躍し始めた。モスクワ近郊、クルスクにおける大規模な野戦では大量のコブラが入れ替わり飛来し、ドイツの戦車、装甲車を痛撃する。ともかく数千機も配備されているので、その効果は戦局を変えるほどの影響を持っていた。

一九四三年から専門の対戦車攻撃機イリューシンIℓ-2シュトルモビクが登場するまで、ソ連軍には適当なこの任務を果たす航空機がなかったこともあって、P-39、63はソ連軍においてきわめて高い評価を得ている。

思想的な違いもあって、アメリカ、イギリスから貸与された兵器に関して極めて点の辛いソ連政府も、この戦闘機については高く評価している。

この事実はまさに適材適所、○○と鋏は使いようといった言葉が、実によく当てはまる。

アメリカ、イギリスの評価は、結局、研究不足だったのか、それともそれを必要とする戦場が見当たらなかったのか、本質を見抜けなかったのか。たぶんその両方だったと思われる。現在、フライアブルなP－39、63はアメリカ、イギリス合わせて一〇機ほど存在する。先の事実を知ると、この戦闘機に対する興味が倍増するはずなのである。

第7話　本当に必要な形態なのか
——カナードとストレーキ

飛行機、それも軍用機のファンであれば誰も同じだと思うのだが、暇さえあれば関連の雑誌を眺め、自分で撮影してきた写真に見入っている。

著者も全く同様なのだが、最近の第一線で活躍している戦闘機の写真を見ていると、ある事実に気が付いた。

それはカナードとストレーキの有無である。少し詳しく調べてみると、いろいろなタイプが存在し、非常に興味深い。しかし主力戦闘機でありながら、ボーイングF－15イーグルのように、この二つと全く無縁の機種もある。ということでここでは、日頃あまり触れられることのない、二つのシステムについて検討してみたい。

一、カナード（CANARD）。元はフランス語、先尾翼、前翼の意。古くはド

イツ語で〝エンテ〟と使われた。エンテは鴨の意。主翼の前方、胴体の先端に近い場所に取り付けられる小さい翼

二、ストレーキ（STRAKE）。筋、線、薄い層の意。主翼の前縁から前方に延び、機首の側面につけられた延長フィンを指す。正式には前縁付け根延長（翼）の英文の頭文字からLEREあるいはLERXとも言われる

ということのようだ。

それではそれぞれの利点と欠点を、いろいろな情報から調べてみる。まず英語の論文を探すと、山ほど見つかるが、どうも難解な数式が乗っている割には、長短所がはっきりしない。

一については、失速特性の緩和、運動性、離着陸時の性能の向上。短所としては重量の増加、制御装置の複雑化、ステルス性能の低下となっている。この短所はともかく、専門家でなくてもカナードが付いていれば、運動性が向上するのは当然というような気がする。

二については、大きな迎角のさいの姿勢の安定、尾翼への衝撃緩和が長所。それに対して短所は空気抵抗の増大、ステルス性能の低下であるこのようなところではあるまいか。

簡単にまとめれば、このようなところではあるまいか。

さらに論文のなかには、LEREの一部を可動式にして、乱流の中を飛行するさいの安定性を増そう、というものまである。

しかしいうまでもなく新しい複雑な機構を取り付ければ、それなりの効果はあろうが、反面として重量の増加、機器の複雑化、故障の発生率の上昇は当然考えられる。

それではここでF－22、F－35、スホーイT－50、チェントウJ－20といったステルス戦闘機を除いた、第一線の戦闘機についてこのカナードとストレーキを見ていこう。

・デルタ翼にはカナードが必須。またヨーロッパは多用している。
・アメリカはカナードに全く関心を示さない。
・ロシアはカナードの導入に迷いが見られる。数は少ないものの、スホーイの艦載型はカナード付きである。

さてここからは専門の技術者、研究者から猛烈な反論が来そうだが、それを覚悟して大胆に結論を述べておこう。

カナード、ストレーキのどちらについても、装備した場合のプラス、マイナスを考えた場合、あってもなくても大差はない！

最終的には、設計者の趣味に近いといったら言い過ぎであろうか。もしメリットが

カナードとデルタ翼の組み合わせ、ユーロファイター・タイフーン

ロシアのSU－35。割と小さめのカナードである

F-16。まさに刃物を思わせるストレーキ

長く伸びたストレーキ付きのFA－18。スイス空軍の機体である

十分に大きいのであれば、なぜ装着していない機種が存在するのか。例えばF／A－18に代表される艦載機に、カナードは付いていないとおかしいことになってしまう

このような意味からは、近年大流行のジェット旅客機のウイングレットに似ている。主翼の先端に取り付けられている、反りあがった小翼は、実際にはどれだけの価値、効果があるのか。

翼端の渦を消滅させて航続距離の増大を主張する意見もあるにはあるが、重量の増加といったデメリットもあって、結論としては「なんとなく恰好が良い」ということなのであろう。

このように考えると、カナード、ストレーキに関しては、あまり関心を持つ必要はないのかもしれない。

第一線戦闘機の調査（ステルス戦闘機は除く）

イギリス、ドイツなど
ユーロファイター・タイフーン　エンジン基数二　カナード付

フランス
ダッソー・ラファール　エンジン基数二　カナード付

アメリカ
ボーイングF－15イーグル　エンジン基数二　カナード、ストレーキともになし
ボーイングF／A－18ホーネット　エンジン基数二　ストレーキ付
ロッキード・マーチンF－16ファイティングファルコン　エンジン基数一　ストレーキ付

スウェーデン
サーブJAS39グリペン　エンジン基数一　カナード付

日本
三菱F－2　エンジン基数一　ストレーキ付

中国
チェントウJ－10　エンジン基数一　カナード付

ロシア

ミコヤン・グレビッチMiG－29ファルクラム　エンジン基数二　ストレーキ付

ミコヤン・グレビッチMiG－31フォックスバット　エンジン基数二　カナード、ストレーキともになし

スホーイSu－33フランカー　エンジン基数二　ストレーキ付

スホーイSu－32　エンジン基数二　カナード付

第８話　なぜ前輪式を採用しなかったのか
――離着陸システムをめぐる問題

本稿では要旨に入る前に、まず写真を見ていただきたい。旧日本軍がノモンハンを巡る国境紛争の折、熊ン蜂と呼んだソ連空軍のポリカルポフＩ－16戦闘機である。

全長が極めて短く、小さな機体に零戦を上回る一〇〇〇馬力の空冷星形のエンジンを装備している。

操縦性は極端に悪いが、急降下速度が大きく、独ソ戦初期にはこれを活用し、ドイツ空軍のハインケルＨｅ111、ドルニエＤｏ17といった双発爆撃機に少なからず損害を与えた。

しかしここで取り上げるのは、飛行性能ではなく、前方の視界についてである。写真からもわかるとおり、地上にあっては全く前が見えない。そのため離着陸に当たたっでは、まさに運試しといった印象である。

他の戦闘機と同じように、離着陸のさい前方の視界を少しでも見やすくするため、座席の高さを一〇〜二〇センチ高くする仕掛けがなされていたようだが、まさに気休めといったところだろう。

尾輪式と前輪式（三車輪式ともいう）と比較した場合、どちらが優れているか、議論の余地がないほど後者が優れている。

前述のごとく、離着陸のさいの視界、また主翼に働く揚力の問題とも、前輪式が圧倒的に有利と言えよう。さらに尾輪式では、ときおり後輪の動きにより、グランドループと呼ばれる異常な動きも発生する。

小型の軽飛行機、レース機などの例外を除くと、現在では尾輪式の航空機を見ることは珍しくなっている。

ところが第二次世界大戦当時を振り返ってみると、前輪式の航空機は極めて少ない。

ベテランのパイロットにとっては、どちらもあまり変わらないかもしれないが、経験の浅い操縦士の場合、前輪式がおおいに助かるはずである。

ともかく尾輪式では前が見えないのだから、不安は大きい。これはまた事故率の増大とも直結しているはずである。

この点に関して、優れていたのはやはりアメリカの技術陣である。機首にエンジンがある単発戦闘機は尾輪式だが、新しく登場する双発の第一線機はほとんど前輪式。まず双発戦闘機ロッキードP－38ライトニングに始まり、驚くのは双発の爆撃機である。

・A－20ハボック、A－26インベーダー
・B－25ミッチェル、B－26マローダー

の四種はすべて前輪式。いずれも操縦が易しいとの評価を受けている。

アメリカと比べて遅れていたのが、イギリスである。ともかく前輪式のイギリス軍用機という機種が思い浮かばない。

双発の高速爆撃機デハビランド・モスキートなど、はじめからこの方式を採用すべきであった。

またジェット機の研究では、世界の先頭を走っていたドイツも同様で、プロペラ機の場合敗戦の半年前に登場したハインケルHe219ウーフー以外は尾輪式である。

このHe219はその名（ウーフーとはフクロウの意）のごとく夜間戦闘機である。

戦時中とあって夜の飛行場は管制されており、灯火はわずかしかない。

となれば前方の視界がほとんどない尾輪式の夜間戦闘機による着陸は、いうまでも

なく大きな危険を伴っている。

この任務を主とする戦闘機は、出来る限り前輪式を採用すべきであった。とくにそのすべてが双発機であるから、前輪の装着システムはきわめて容易である。

それにもかかわらず、日本陸軍の二式複座夜間戦闘機屠龍、海軍の月光も相変わらず尾輪式であった。

空冷星形発動機をもつ単発単座戦闘機は、その構造から前輪式の設計は難しくなる。無理にこの方式を採用すれば、機首が膨らみ、それはそのまま抵抗の増大となってしまう。

しかし双発以上であれば、前輪はこれといった問題もなく、取り付けられるのであった。

アメリカは早くから採用し、その成果を十分上げることができていたが、他の航空先進国イギリス、ドイツ、そして日本はこれを取り入れることはしなかった。

これはいったいなぜなのだろう。

これまでいろいろな論文、大学の講義などで技術史が取り上げられているが、いずれもこの問題に言及しているものは見当たらない。

ここには現状に満足し、それに疑問を持たないという、技術者の怠慢と勉強不足が

地上では全く前方が見えないポリカルポフI-16戦闘機

前輪式のベルP－63キングコブラ

星形エンジンでも前輪式のT－28トロージャン練習機

あるように思える。

この点からは、多くの課題を抱えながらも、新しいアイディアを積極的にとりいれるアメリカ独特の風土が関係しているのかもしれない。

なお最後になるが、単発で機首が大きくなりがちな空冷星形エンジンを装備していても、わずかな設計の変更で前輪式を採用している例を示しておく。

例えば写真のノースアメリカンT－28トロージャン、ヤコブレフYaK－18、50などとくに問題もなくこの方式である。

結局、この尾輪式、前輪式については、設計者が広い視野と、柔軟な発想を有しているかどうか、といったことに左右されるのであろう。

第９話　持て余し気味の爆撃機？

――Ｂ－１ランサーとＢ－２スピリット

二〇一八年の初頭、アメリカ国防省は、思いもかけない発言で世界の防衛、航空関係者を驚かせた。

・ボーイングＢ－１ランサー可変翼爆撃機
・ノースロップ・グラマンＢ－２スピリットステルス爆撃機

を二〇二〇年代に退役させるというものである。

どちらの大型爆撃機も、アメリカの核攻撃戦力の中核をなすもので、最新式の装備と圧倒的な性能を誇っている。

この二機と比較すると、ロシアの

・ツポレフＴｕ－22バックファイア

・ツポレフTu－160ブラックジャック

ともにかなり旧式化している。

さらに発表には、もうひとつ衝撃的な内容も含まれていた。なんと一九五二年に初飛行し、七〇年近く飛び続けているボーイングB－52ストラトフォートレスを、今後三〇年にわたって使おうということである。

つまり、この大型爆撃機は実に一〇〇年間にわたって現役となる。

ここではこの何とも信じ難い、アメリカ戦略空軍の方策を検討したい。

まずB－52であるが、七二〇機が生産され、ベトナム戦争では一六機を失いながら休むことなく働き続けた。エンジン八基を装備した、実用機という極めて希な存在である。

しかしそれとは格段に次元が異なるB－1とB－2について記したい。

・可変翼爆撃機B－1ランサー

ランサーとは槍を武器とする騎兵を指す。本来の任務は核攻撃で、充分ではないがステルス性を有し高速である。大型爆撃機としては珍しく、低空侵入も可能。

・ステルス全翼型爆撃機B－2スピリット

意味は強い精神。胴体、尾翼を持たず、ブーメランそのものといった形状の本機は間違いなく世界最強の軍用機である。そのステルス性は、レーダーのスクリーンには鳥の大きさにしか映らないとされている。

さてこれから本題に入る。この両機とも一九九九年のコソボ紛争を皮切りに、アフガニスタン、イラク、シリア、リビアなどで実戦に参加している。

もちろん核攻撃ではなく、ともに六〇発前後の通常爆弾を搭載しての対地攻撃であった。攻撃される側のほとんどが正規の軍隊ではなく、この状況から迎撃に有効な地対空ミサイルを持っておらず、B－1、B－2とも損害は出していない。ところが両機に早期の退役説が現われたのは、次の理由からである。

なにしろ製造価格、運用費がとてつもなく高く、アメリカ空軍の予算をあまりに多く使いすぎている。

B－1の価格は一機三二〇億円、一年あたりの運用費が二三億円で、これはなんとか容認できるものの、問題はB－2である。

本機は一機二〇〇〇～三〇〇〇億円である。これは海軍のイージス艦に等しい。いや、豪華な巨大旅客機エアバスA380の価格が三七〇億円であるから、軽く五機が購入できることになる。そのうえスピリットには専用の格納庫、出撃するたびに特殊な対レーダー塗料を塗布する必要があり、運用費は年間七〇億円！

両機はごくまれに先に掲げた不正規戦争に出撃し、通常の爆撃を実施しているが、ゲリラ相手ではその効果は明確ではない。だいたい砂漠や岩山に分散して隠れている兵士にいくら爆弾を落としたところで、どの程度殺傷できるのであろうか。

しかも万一、対空ミサイル、あるいは事故で失われたら、前述のとおりB－1で三二〇億円、B－2なら二〇〇〇億円が消えるのである。

宝の持ち腐れ、牛刀を持って鶏を裂く、といった言葉はこの両機のためにあるような気がする。昨今、アメリカ軍について予算不足からくる整備、運用能力の著しい低下が、この最強の軍隊を底辺から揺さぶっている。

とくに人手不足による航空機の整備技術の低下が著しい。このような事実が両機の退役を早めざるを得なかったということになろう。

やはり用兵者は、目先の最新兵器の確保ばかりにとらわれず、戦力の真の強化に責任を持たなければならないのであった。

アメリカの三大爆撃機

	B－52	B－1	B－2
全幅	五六m	四一・六／二三・八m	五二m

B－1ランサー。かなり大きな機体であることがわかる

爆弾倉を開いて飛ぶB－52

世界唯一の全翼大型爆撃機Ｂ－２スピリット。価格は実に2000～3000億円と言われている

全長	四九m	四四・五m	二一m
翼面積	三七二㎡	一八一㎡	四六五㎡
自重	七八t	八七t	四五・四t
総重量	二二九t	二一六t	一七〇t
エンジン基数	TF33×八	F101×四	F118×四
合計推力	六二t	五六t	三二t
巡航速度	マッハ〇・九五	マッハ〇・九	マッハ〇・八
上昇限度	一万六八〇〇m	—	一万五二〇〇m
搭載量	三八t	三四t	一八t
乗員数	六名	四名	二名
初飛行	一九五二年四月	一九七四年一二月	一九八九年七月
製造数	七二〇機	一〇四機	二一機
型式	一般配置	可変翼機	全翼機

第10話　ヘリテージ・フライト
――新旧機参加の航空ショー

いつごろから始まったのかはっきりしないが、今、アメリカ、イギリス、そしてロシアなどの航空ショーで、観衆を魅了しているイベントがある。

それは第二次大戦中に活躍した古強者と呼ぶべきウォーバーズ（大戦機が主体）と、現役の軍用機が密集編隊で飛ぶというものである。

ある年アメリカの記念空軍（旧南部連邦空軍）ＣＡＦのショーの最後に、二機のＰ－51マスタングがフライト中、参加していたこれまた二機のＦ－15イーグルが帰投のためすぐそばをパスした。

これは意図したわけではなかったが、偶然この四機が一つの場面に撮影され、これが雑誌に掲載されると、この種の編隊飛行が見たい、というファンからの声が多数寄せられた。

空軍の広報は、これをすぐに取り上げ、上層部も同意して、〝ヘリテージ・フライト〟と名付けられたイベントが計画された。ヘリテージとは伝統、文化遺産というような意味である。

しかし実施に当たってはウォーバーズ、例えばP－51、P－38ライトニングと、現用の、例えばF－15、F－16ファイティングファルコンの速度の差が問題となった。当然、エアショーで観客の目の前を飛ぶわけだから、低空であることはいうまでもない。

F－15の失速速度は最低で二三〇キロ／時である。しかしこれは、着陸のさいの値で、観衆の前をクリーンな状態で飛ぶときには五五〇キロ／時の速度が必要となる。それもフラップなどを降ろしていないから、この速度を維持するためには否応なく頭上げの状態で飛ばなくてはならない。

一方、P－51、P－38にとって五五〇キロ／時は、低空とあってできればある程度速度を保つため、頭を下げて飛びたい。

こうなると互いの姿勢が合わず、絵になりにくいのである。とくにジェット戦闘機にとって低速で飛ぶことは難しい。

このような状況から、一時ヘリテージ・フライトは実施困難と思われた。

しかし多くのファン、さらには現役のパイロットからも実現したいという声があがり、空軍側はこのための資格を設けることを決めた。

したがってウォーバーズの側はたんに編隊飛行の練習を重ねればよいが、現用機のパイロットは異機種編隊飛行の資格試験に合格しなければならない。

また海軍もこのような空軍の動きを知り、こちらも少しずつ動き出す。

この種の編隊飛行について、海軍ではメモリアル（記念、記憶）・フライトと呼ばれることになった。

そして空軍に遅れること半年後、F4UコルセアとF／A－18ホーネットなどの組み合わせで、初のメモリアル・フライトが披露されることになる。

それでは具体的にどのようなヘリテージ、メモリアル・フライトが行なわれるか、見ていこう。やはりウォーバーズ側は単発の、それも戦闘機である。フライアブルの機体がかなり残っているものの、ノースアメリカンB－25ミッチェル双発爆撃機に代表される多発機はあまり使われていない。

これはやはり運動性の問題からであろうか。

また参加する機数からは、五機が最大とみられる。

ランカスター爆撃機をエスコートするF－35とトルネード

アメリカ空軍。P－51＋A－10＋F－22の豪華セット

アメリカ海軍。Ｆ４Ｕ＋ＦＡ－18＋Ｆ－14のメモリアルフライト

イギリス艦隊航空。シーハリアー＋ソードフィッシュの組み合わせ

あるヘリテージ・フライトでは、朝鮮戦争におけるエースたるノースアメリカンF－86セイバーが先頭を飛び、その後方を二機のP－38、そのまた後に二機のロッキードマーチンF－22ラプターが加わるという豪華な組み合わせになった。

一方、海軍のメモリアル・フライトでは、空軍機と比較して、フライアブルな大戦機が少ないこともあってほとんどF4Uコルセアが中心となる。

とくにF－14トムキャットのファイナルショーでは、コルセアの両脇に本機とホーネットが並び、世代交代を知らしめている。

このようなヘリテージ、メモリアル・フライトは、アメリカの航空ファン、マニアの心を捉え、専門のサイトが誕生し、また小冊子も出版されている。

それでは他の国々で、この種のイベントは実施されているのだろうか。

まずイギリスだが最初が、写真のごとくBAeハリアーとフェアリー・ソードフィッシュ艦上攻撃機の組み合わせであった。VTOLのハリアーなら飛行速度の問題はないので、特別な資格も不要である。他のジェット機なら、超低速のソードフィッシュとの並行飛行は不可能であろう。またスーパーマリン・スピットファイア三機とパナビア・トルネード二機も飛行している。

さらに大型機同士のフライトもある。最新の大型輸送機エアバスA400Mアトラスと時代物のダグラスC－47スカイトレイン双発機が並んで飛び、観客を喜ばせた。ただしここでも両機の速度差が大きく、操縦士は苦労していたとのこと。

またロシアのショーでは、これまた珍しい編隊が見られたが、これは最近復元されたイリューシンIℓ－2シュトルモビクと二機のスホーイSu－25フロッグフットの組み合わせである。ともに地上攻撃機であることは言うまでもない。

ところでこのような飛行が、我が国で可能であろうか。幸運にもある実業家の献身的な努力で、零戦の里帰りが実現している。

これに防衛省、航空局の協力が得られれば、先頭に零戦、後方に川崎T－4練習機、さらにその両脇に三菱F－2支援戦闘機が飛ぶ、という夢のような編隊飛行も決して夢ではないような気がするのだが。

まさに新旧日本製軍用機のそろい踏み。実現の可能性はどの程度あるのだろうか。

第11話　猫族の栄枯盛衰
——米海軍艦上戦闘機の系譜

一般的に飛行機が生まれると、形式、場合によっては愛称？　が付けられる。設計の段階では、そのための記号、番号が付くだけだが、世に出ればそうはいかない。大体、この型式もかなりいい加減で、日本陸軍の場合には、紀元二六〇〇年／昭和一五年／一九四〇年に制式化した軍用機に、一式、百式という二種類の記号をつけている。なぜこのようになってしまったのか、このあたりははっきりしない。このような例はいくつも見られ、統一されることはなさそうである。

また日本海軍の零式戦闘機は、言いやすい言葉とあって〝ゼロ戦〟と呼ばれ続けた。これ以外の愛称はない。海軍の一部にはゼロが英語であることから〝レイセン〟と呼ばせたい意図もあったようだが、広まらないままであった。

他方、陸軍の一式戦闘機キ四三は、陸軍が国民に公募して〝隼〟の愛称がついている。

それとは全く違った形で、メーカーが次々と新型の軍用機を誕生させて、ある種、系統だってネーミングを与えたことがある。

イギリスのホーカー社の場合、大戦中の戦闘機に次のようなネーミングを行なった。

・ハリケーン　一九三五年一一月　初飛行　一万二八〇〇機製造
・トルネード　一九三九年一〇月　試作四機のみ
・タイフーン　一九四〇年二月　三三〇〇機
・テンペスト　一九四二年九月　一一〇〇機

なおこのトルネードは、パナビア製の現用機ではない。これは竜巻の意味だが、すべてについて〝嵐〟と関連している。しかしホーカー社は、このようなネーミングをすぐに忘れてしまい、戦後デビューした新型ジェット戦闘機はハンター（狩人）であった。

地方アメリカのグラマン社は、一九三七年以来、独自に最後の戦闘機を送り出すまで、きちんと筋を通している。この九機種を後に示す。

猫（キャット）がネーミングに共通し、それはF4FからF－14まで続いた。

すべて海軍向けの艦上戦闘機である。ただ一つの例外は一九四〇年四月に初飛行したXF5F双発戦闘機で、この機体のみ、スカイロケットというなんとも不可解な名前が付けられていた。もちろんロケット推進ではなく、レシプロエンジンである。

機首の先端が主翼の前縁より後ろにあり、また胴体が極めて短いという、これまでにない設計でその斬新性が期待されたが、すべてにおいて性能が高いとは言えず早々に破棄されてしまった。製作されたのは一機のみである。

この原因は、すぐにわかる通り、ことわりもなく猫の名前を変更され、裏切られた〝猫の呪い〟にあったことは言うまでもない。これを思い知らされたグラマン社は、心から反省し、猫シリーズのネーミングを続けることになった。というのはむろん冗談である。

さてグラマン戦闘機の特徴は、機体が重く頑丈であることである。空戦、対空砲火でかなりの損傷を受けても、分解せず、何とか航空母艦までたどり着く。このことからこのメーカーで造られた戦闘機は、グラマン鉄工所製と称えられた。

太平洋戦争の後半、マリアナ、レイテ海戦で、日本海軍航空部隊に壊滅的な打撃を与えたのはF6Fヘルキャットであった。この名称は直訳すれば地獄の猫という意味だが、俗語としては〝性悪女〟とされる。

いまではこの名前のロックバンド、ジャズも存在するので、この訳が正しいのであろう。

続くＦ７Ｆタイガーキャットはレシプロエンジン双発単座の艦上機で、少数生産のものを除き、このタイプは世界唯一と考えて良い。ただしのちの夜間戦闘機型は複座になっている。

次のＦ８Ｆベアキャットは、アメリカ海軍最後のレシプロ艦上戦闘機である。実戦に登場したのは、フランス軍の海軍機としてインドシナ戦争における戦いであった。このベアキャットという猫の種類が、良くわからない。人気者のパンダという解釈もあるのだが。このうちの一機が、大幅な改造でリノのエアレーサーとなり、レシプロエンジン機としてのスピード世界記録を更新している。

ジェット時代に入ると、まずＦ９Ｆパンサー（豹）が朝鮮戦争の対地攻撃で見事な活躍ぶりを見せつけた。その反面、後退翼を持たず、性能的にはミグ戦闘機に太刀打ちできなかった。このあとに後退翼改造されたクーガーが入る。さらに少数生産されたタイガーがあり、最後の猫はＦ－14トムキャット（雄猫）で、映画トップガンでは、世界の若者を魅了した。双発可変翼、大型という、艦上戦闘機としては扱いにくいが、性能的には優れた電子機器を搭載して、リビア上空をはじめとして数回の空中戦では

太平洋戦争の主役F4FワイルドキャットとF6Fヘルキャット

珍しいレシプロ双発単座のF7Fタイガーキャット

Ｆ９Ｆパンサーの発展型であるＦ９Ｆ－６クーガー

圧倒的な勝利を飾った。

このトムキャットを最後に、航空史上ほとんど唯一の、猫のネーミングファミリーは消えていく。現在、軍用機の開発の速度は信じられないほど遅くなり、新型機が現われる可能性は極度に低い。この現実を知れば、大空を駆ける猫はもはや永遠に現われることはないであろう。

したがってなんとしてもトムキャット、そしてできればパンサーをフライアブルな状態にして残して欲しいと痛感するのである。

猫族の呼び名を持ったグラマン系戦闘機

型式番号　Ｆ４Ｆ　　呼び名　ワイルドキャット
初飛行　一九三七年九月　　製造数　七七二〇機
備考　太平洋戦争前半の主力戦闘機

型式番号　Ｆ６Ｆ　　呼び名　ヘルキャット
初飛行　一九四二年五月　　製造数　一万二二七〇機
備考　Ｆ４Ｕコルセアとともに後半の主力戦闘機

型式番号　Ｆ７Ｆ　　　　呼び名　タイガーキャット
初飛行　一九四三年一一月　製造数　三六〇機
備考　双発、少数機が朝鮮戦争に参加

型式番号　Ｆ８Ｆ　　　　呼び名　ベアキャット
初飛行　一九四四年八月　製造数　一二七〇機
備考　フランス軍がインドシナ戦争で使用

型式番号　Ｆ９Ｆ－５　　呼び名　パンサー
初飛行　一九四七年一一月　製造数　一四〇〇機
備考　朝鮮戦争で対地攻撃に大活躍

型式番号　Ｆ９Ｆ－６～　呼び名　クーガー
初飛行　一九五一年九月　製造数　一九九〇機
備考　ごく少数がベトナム戦争に参加

型式番号　Ｆ10Ｆ　　　　　　　呼び名　ジャガー
初飛行　一九五二年二月　　　　製造数　二機
備考　　試作のみに終わる

型式番号　Ｆ11Ｆ　　　　　　　呼び名　タイガー
初飛行　一九五四年七月　　　　製造数　二〇〇機
備考　　Ｆ－８クルセイダーとの試作競争に敗れ、実戦に参加せず

型式番号　Ｆ14　　　　　　　　呼び名　トムキャット
初飛行　一九七〇年一二月　　　製造数　七一〇機
備考　　一九八〇～九〇年代のアメリカ海軍の主力戦闘機

第12話　戦闘機より頑丈な軽飛行機
――エアレースに見るその特化性能

二〇一八年五月の最後の日曜日。例年のごとくレッドブル主催のエアレースが、千葉市の幕張海岸で開催された。大空にそびえる空気で膨らました巨大な標識（パイロン）を目標に、小さなレース専用機が周回し、タイムを競う。

十数人のパイロットが、技術の限りを駆使して、一秒を争う見ごたえのあるイベントである。日本人パイロット室谷義秀は、これまでも好成績で、年間チャンピオンを獲得している。

しかし残念なことにこの年の決勝では、旋回時にペナルティを犯し、失格になってしまった。

この時の状況は、機体にかかる荷重が瞬間的に一二Gを超えたという理由であった。

競技規則書によると、許容されている最大荷重は一一Gで〇・三秒ということである。この数値を聞いて、心底びっくりした。一二G! とはなんとも恐ろしい数値である。

今回はジェット戦闘機の制限荷重にも触れながら、この面から航空機の頑丈さを調べてみたい。

前述の〝航空機の頑丈さ、丈夫さ〟とはどのように見積もるのだろう。

一般的に、水平飛行しているときの重量を一Gとするが、Gとは(重力)加速度を指している。我々は日常的に一Gの力で、地球の中心に引っ張られている。旋回時にはこの加速度が増加し、重量の数倍の力が機体にかかる。この荷重をもって、航空機の頑丈さを示す。またそれは安全の目安となる。

詳細は発表されていないが旅客機についてこの値は二・七五程度、これに一・五倍の安全係数(安全率)を見込むから四・一となる。つまり理論的には重量の四倍くらいの力がかかっても安全なのである。

もちろん一般の飛行では、せいぜい二G程度、それも数秒なのではあるまいか。

それでは誰が見ても頑丈そのものの、ジェット戦闘機の数字はどうなるのか。

エアショーでこれらの戦闘機は、アフターバーナーの轟音を轟かせて急旋回、急上昇を繰り返す。このときのGは安全率を考えない場合、九Gが制限値である。よほどの無理をしないかぎり、一〇Gを超えることはないと考えられる。

さてレッドブル・エアレースに使われるレーサー、例えばEDGE540である。全幅七・四メートル、全長六・三メートルと本当に小さい。搭載するエンジンはライカミング製の水平対向空冷で、パワーは未発表だが三〇〇馬力といったところであろうか。

さらに正確な重量も発表されていない。最高速度は四三〇キロ／時と高速である。このエッジ540の最大制限荷重はなんと一二Gである。

しかもジェット機の場合、パイロットは原則として(耐)Gスーツを着用する。これはふくらはぎなどの周囲に圧縮空気を送り込み、肉体的にGに対する抵抗力を補助する役割をもっている。

このGスーツには、Gの圧力を二〇~三〇パーセント軽減する効果が認められている。

一方エアレースのパイロットは、飛行服だけで大きな力に耐えなければならない。もっとも飛行時間は、離陸から着陸まで二〇分程度と短い。

このように小さなレーサーではあるが、頑丈さでいえばジェット戦闘機より勝っていると言っても良さそうである。

それではこのレース用航空機よりも、強度を持つ飛行機は存在するのであろうか。

詳細なデータは入手できなかったが、アメリカの農業機グラマン／シュワイザー／アライドAGキャットなどは、より頑丈で制限荷重はなん一四Gである。

我が国の農薬散布はヘリコプター、あるいは無人ヘリコプターによって実施されており、現在のところ固定翼機は全く存在しない。一方、アメリカで実際の農薬散布を見ていると、専用の航空機が地上数メートルまで降下し、叩きつけるように薬剤を撒いている。さらに狭い不整地からの発着も日常茶飯事である。

このような農業用軽飛行機は、世界の農業国で多数が活躍しており、なかにはアメリカのエアーズ・スプラッシュなど三〇〇〇機も製造されているものもある。だいたい七〇〇馬力程度のエンジンを装備し、一回のフライトで一トン程度の農薬を散布している。平均一日に二〇回もフライトするとのこと。

最近ではこのような農業用機のなかにも、タービンエンジンを装備する機体が現れている。

最後に二つほど関連のエピソードを記しておきたい。アーカンソー州の農業用飛行機専門の博物館を訪ねた時、一人のパイロットと話す機会があった。彼はなんと日頃、

アクロバット専用のエクストラ500。制限荷重は12G

強化されたステアマン曲技機。11G

急旋回するユーロファイター・タイフーン。9G

州空軍のF－16ファイティングファルコンを操縦していた。

またGの測定には〝Gメーター〟という計器を使うが、いくつの地方自治体が用いる自動車教習所の車にこれが装着されている。

この役割は自動車の二種免許（タクシー、定期および観光バスの運転）のテストのさい、前後、左右のGを測定するというものである。職業運転手の乱暴な運転を防ぐ目的から、試験のさい〇・四ないし〇・五Gを超えるような運転をすると減点され、免許が下りない。

この程度の数値でも、乗客に不快感を与えるのである。こう考えると、ジェット戦闘機、レーサー、農業用飛行機のパイロットたちは、やはり特別な体力と感覚を持っていることが理解できるのであった。

第13話　同士討ちの悲劇
――アメリカ空軍による最悪の誤射

実戦であろうと訓練中であろうと、戦闘を前提とする行動である限り一定の確率で同士討ち、味方への誤射は発生する。これは洋の東西、軍隊の形を問わないようである。決して起こしてはならない事柄ながら、まったく無縁というわけにはいかず、具体的な例として次の出来事が存在する。

まず我が国では下記の事例がよく知られている。

大戦中のマリアナ沖海戦のさい、後方の航空母艦から発進した日本軍の艦載機編隊を、前方に配備されていた巡洋艦、駆逐艦がアメリカ軍機と間違えて射撃し、少数機に損害が出ている。

十数年前、共同訓練中に日本の自衛隊の護衛艦が、近接対空火器ＣＩＷＳファランクスを用いて、アメリカ海軍のグラマンA－6イントルーダー攻撃機を撃墜している。このさい幸運ながらパイロットは救出された。

このような状況下で、同士討ち、誤射が頻発したのが一九九一年の湾岸戦争である。

・アメリカ軍のA－10攻撃機が味方の装甲車にミサイルを撃ち込んだ。

・同じアメリカ陸軍のM1エイブラムズ戦車が海兵隊を砲撃。

いずれの場合も、かなりの数の死傷者が出ている。これ以外にも同士討ちは発生し、この二ヵ月余りの砂漠の戦いでアメリカ軍は誤射によって一〇〇名近い兵士を失った。

これは湾岸戦争終結後大きな問題となり、とくに犠牲者の遺族からは軍に対して強烈な抗議が続いた。これは当然で、敵軍の攻撃が原因ならともかく、味方の誤射ではとうてい諦めきれるものではない。このこともあって、迅速に徹底的な改善が図られた。

まず目標の正確な把握、味方の兵器への知識、そのための訓練、そして敵味方識別装置IFFの装備といった対策である。とくに最後のIFFシステムに関しては、特殊な信号と画像をもとに確実な解析が求められた。

これは充分な効果をもたらすと思われたのだが、この努力が完全でない事実が一九九四年四月一一日に実証されてしまうのである。

同時にそれは大きな犠牲を伴ったものとなった。

当時、紛争が続いていたことから、中東のイラク上空は飛行禁止となっていた。イラン、イラクの軍事衝突に加えて、クルド人問題も重なって、まさに政情不安が高まっていたからである。

このような状況下、ボーイングE－3セントリーAWACS（空中早期警戒管制機）が見守る中、哨戒していたマクダネルダグラスF－15イーグル戦闘機が、低空を飛ぶ二機のヘリコプターを発見する。このヘリはイラク軍のミルMi－8ヒップ中型ヘリ、あるいはミルMi－24ハインド攻撃ヘリであると思われた。

以前にも同様なフライトが見られたこともあって、イーグルのパイロットは敵機と判断しスパロー空対空ミサイルで攻撃した。

ミサイルは確実に命中し、二機のヘリは墜落する。

しかし間もなく、これらはアメリカ陸軍のシコルスキーUH－60ブラックホーク汎用ヘリであることが判明したのである。

搭乗していたのはそれぞれ一三名で、乗員に加えて陸軍の高官、民間の査察官などであった。合わせて二六名のアメリカ人の全員が死亡している。

一度の誤射でもっとも多数の犠牲者を出した、なんとも痛ましい出来事であった。

もちろんブラックホークもイーグルもＩＦＦを運用していたはずだが、悲劇を防ぐことは出来なかった。

しかもこのような問題を防ぐために、上空にはＡＷＡＣＳまで配備していたのである。本機こそ、世界最高の情報分析能力を有する航空機なのである。

もちろんアメリカ政府、国防省は早速調査に乗り出した。

原因としては、まずセントリーの乗員については、この空域をアメリカ軍のヘリが飛行するということをあらかじめ伝えられていたにもかかわらず、それをイーグルに伝達していなかった事実である。

この理由は不明のままである。またイーグルのパイロットも、ＩＦＦの確認をしないまま、ミサイルを発射している。このミスの伝搬により二六人の命が失われてしまった。小さなミスの連鎖がこの事態を引き起こしたのであった。このような事態は常に発生する可能性を持っていると言えよう。

ただし処分としては、関係者の期限付き資格停止、戒告のみとなっている。

本来ならより詳細な原因の調査、厳格な処分がなされたはずだが、それが実現しなかったのは次の理由の如く推察される。

ＡＷＡＣＳの画像解析、敵味方識別装置の能力に関する分析の公表は、どちらも軍

スパローミサイルで味方のヘリを撃墜したF－15イーグル

犠牲となったUH－60ブラックホーク汎用ヘリ

誤射の際に有効に活用されなかったE－3セントリー AWACS

事機密のベールに包まれていて、明らかにするのが許可されないということなのである。とくに前者のルックダウンレーダーの識別および解析能力は、秘中の秘であり、アメリカ軍としてはこれを公開することなど論外であった。

このため処分は極めて軽いものとなったのであろう。その一方で、誤射を防ぐために各種の対策が実行され、その後、実戦、訓練中を含め大きな問題は起こっていない。それでもこの可能性は、必ず認識され続けなければならないのであった。

第14話　用兵側の驕りだったのか
──撃墜されたステルス機

一九九〇年代の末期、バルカン半島で激しい戦闘が勃発した。ユーゴスラビア軍とセルビア軍が、アルメニアの武装勢力と衝突したのである。

これが同年三月からほぼ半年にわたって続くコソボ紛争である。国連の承認を受け、アメリカ、NATOはユーゴに対してアライド・フォース作戦と呼ばれる大規模な空爆を実施し、その回数は三万八〇〇〇回に及んだ。一方、ユーゴはソ連製兵器を駆使して反撃する。

三月二〇日頃から、当時において世界唯一と言われたロッキードF－117ナイトホークステルス爆撃機が、この空爆に参加している。

同機は一九八一年六月一八日に初飛行しているが、しばらくの間アメリカ空軍の最高機密として扱われ、情報もほとんど公開されなかった。

ともかくステルスとして、最初から設計された最初の航空機であった。ステルスとはそれまであまり使われてこなかった言葉で、隠密（に）とかこっそり何かをすることを意味する。

軍事的にはレーダー、赤外線をはじめとするセンサー類から、探知されにくい技術というわけである。一般的には〝見つからない、見えない〟と喧伝された。そのうちF－117の全貌が公開されるが、写真からもわかる通り非常にユニークなスタイルを持っていた。外観から垂直に交わる部分が皆無で、エンジンのインテーク、エキゾスト部分もはっきりしない。側面からは何とも薄べったい航空機という印象である。さらに真っ黒なレーダー波吸収剤が塗られ、とくに夜間となれば肉眼での視認は困難である。

Fの記号が付けられているから基本的には戦闘機であろうが、実質的に空中戦を行なうような性能は有しておらず、夜間爆撃を専門にすると考えられる。また最高速度も亜音速である。

二基のエンジンを備え、乗員は一名、総重量は二四トンとかなり重い。

それでもエンジンは再燃焼装置／アフターバーナーがないので、運動性は高いとは言えず、ともかくステルス性重視のデザインで、製造数は六四機となっている。

ナイトホークの大規模な活躍はもっぱら湾岸戦争で、四四機が一二七〇ソーティー（一機の一度の出撃が一ソーティー）を実施しながら、ステルス性を充分活かして損害は皆無であった。

この事実から設計したロッキード社のグループであるスカンクワークスは、大いに自信を深めたのであった。

まさにF－117ナイトホークは見えない軍用機であり、これを発見し撃墜することは不可能であった。のちに公表された同機のレーダー反射面積を調べてみるとアメリカ空軍の主力戦闘機であったロッキードマーチンF－16戦闘機の二〇分の一程度とされている。つまり完全にレーダーに捕捉されないわけではないが、極めて探知されにくいという事実がわかろう。

しかし湾岸戦争の終結から約一〇年、このステルス機も初めての損失を記録する。

話は前述のコソボ空爆へ戻る。

三月二〇日頃から毎晩、ナイトホークはユーゴの首都ベオグラード近郊の目標を爆撃していた。搭載するのは五〇〇キロ爆弾四発で、この搭載量も現代の攻撃機としては決して多いとは言えなかった。

そしてついに二七日、ユーゴ軍の対空ミサイルSA－3ゴアによって撃墜された。数発のミサイルが発射され、一発が一〇メートルの位置で爆発した。

すぐに機体は安定を失い落下し始めたが、パイロットは脱出に成功し、のちに救助されている。数年後にこの状況をもとにした映画も作られ、日本でも見ることが出来る。それにしても史上初のステルス機の撃墜で、このニュースは世界の軍事関係者を驚かせた。

それではユーゴの防空部隊はどのように対処したのであろうか。これについては欧米の資料を見るしかないのだが、概要は次の通りである。

防空陣は夜間、定期的に侵入してくる、レーダーで捉えにくい飛行体に気付いた。一度のフライトならば発見できなかったと思われるが、アメリカ側が油断したのか、それともステルス性に絶対の信頼性を持っていたのか不明だが、数日にわたってほぼ同じ時間、同じコースの侵入を繰り返していた。やはりここに投入する側の驕りがあったのではないか、と推測される。

不審な飛行体に関し、ユーゴの部隊は複数のレーダーを用い、また日頃は使用していない長波の電波で飛行コースを捉えた。それでも正確に把握できないまま、位置と高度を推測で複数のゴアミサイルを発射したのであった。これが直撃ではないものの、

側面から見たF－117ナイトホーク。ただ薄べったいという印象をうける

前方から見たナイトホーク。主翼も平らな板に見える

飛行中のナイトホーク。とにかく何ものにも似ていないスタイルをしている

ナイトホークを撃破することに成功した。

墜落した機体に関しては速やかに回収され、その後ユーゴは中国、ソ連／ロシアに調査することを許可している。もちろん武器、兵器の供与をしてもらう対価としてのことであろう。

それにしてもステルスに対する詳細な技術情報を持っていなかった中ソは、大いに喜んだに違いない。なお機体の残骸の大部分は、現在もベオグラードの博物館に展示されており、だれでも見ることが出来る。

これ以後、長い時間が過ぎ、F－117は二〇〇八年まで現役にあった。いったん退役したものの、二〇二〇年代になって不思議なことに十数機が再整備を受け再び使われている。このあたり情報が公開されていないが、また新たなステルス技術の実験台となっているのかもしれない。

第15話　空からやってくる善きサマリア人(びと)
――コンバットレスキューの世界

海や山、そして砂漠などで遭難、あるいは行方不明になった人々を、探し出して助ける作業を捜索・救助という。これを英語で表わすとＳＡＲ（Search and Rescue）となるが、この言葉は今や国際語になりつつある。

夜間や荒天となると、助ける側にも大きな危険を伴う。これが空から行なわれると、非常に効果があるのは当然である。その一方で、地表からの救助よりかなり危ない事態もたびたび起こっている。

我が国の例を見ても、山岳救助に従事しているヘリコプターの事故は、決して少なくない。さらに味方が敵中に孤立しており、しかも周囲を武装した勢力に囲まれている戦場となると、救出する側も命がけである。

この作業を戦闘捜索救難と呼び、先の記号はCSARとなる（Cはコンバットの意）。戦闘捜索救難は、すでに第二次大戦のころから、実施されていた。日本軍の基地を攻撃中に対空砲火で撃墜され、操縦士はパラシュートで海上に脱出。このような状況でアメリカ軍は飛行艇カタリナを使って、日本軍の目の前でこのパイロットを救出するが、このさいには数機の戦闘機が上空から作業を掩護する。

朝鮮戦争では、日本でも公開された映画〝トコリの橋〟が、典型的なCSARを描いていた。この映画では救出は失敗、助けに来たヘリの乗員も戦死する。

当然、ベトナム戦争でも同じような状況が発生し、これは再び〝バット21〟として映画化されている。

アメリカ軍は、敵中に孤立した友軍の兵士を救うためなら、莫大な手間、時間、費用をかけて救い出す努力を惜しまない。

またそれがあるからこそ、パイロットや乗員は士気を保つことが出来るのである。

現在のアメリカ空軍の場合、CSARは次のような手順で行なわれる。救出の要請が来ると、HH−60ペイブホークヘリコプター二機がチームを組んで出動する。

一機が救出作業、別な機が警戒、支援である。アフガニスタン、イラクでは、これに二機のA−10サンダーボルトが加わり、敵軍が現場に近づくことを阻止する。

ベトナム戦争の頃には、CH－53大型ヘリ、ジョーリーグリーンジャイアントが使われていたが、これはあまりに大きく、また高価であるという理由から現在ではHH－60となった。

このペイブホークは、空中給油用の長いプローブ、釣上げ用ホイスト、装甲板などを標準装備しているが、最近では地上攻撃のための小型ミサイルまで持っている。

これはそれだけ救出に向かうヘリが、敵軍の攻撃を受ける可能性がある、ということだろう。

また現在のアフガニスタン、イラクなどでは砂漠地帯であるため、軽量の特殊な車両まで持ち込んでいる。これらATVと呼ばれる軽車両は、ヘリで現場まで運ばれる。とくに小型のものは、ヘリの機内に収容できる。

ATVにはいくつかの種類があるが、そのうちの半分以上が日本製で、農機具、工事用車両のメーカー製であった。

またCSARのヘリパイロットは、戦闘機、攻撃機の操縦士から、一目置かれている。これはいざというときは、危険を冒してまで貧弱な武装しかもたないヘリで自分たちの救出のために来てくれるからであろう。

まさに彼らは戦場における〝善きサマリア人（びと）〟なのである。実際にHH－

HH－60の上空をA－10が低空で掩護する

イギリス空軍のレスキューヘリ、ウェセックスHC・2

60の一部には、サマリタンという文字が書かれているが、これは新約聖書のルカによる福音書が述べている「本当に困っている人を助けよ」からきているのであった。

たしかに撃墜されて脱出したものの、敵軍の真っただ中に取り残されたパイロットにとってCSARこそ、サマリタンなのであろう。

ところで我が国の自衛隊に、このような組織は存在するのであろうか。SAR任務は数限りなく実施されているが、そこに〝C〟、つまり戦闘の文字が加わると憲法上の問題もあり、どうにも手つかずというしかない。

自衛隊はいまのところ戦争とは無縁であるから、戦闘の文字自体が禁句に近いのであろう。もっとも他国においては、この組織は必要欠くべからず、と考えられているようである。

準戦時体制にある韓国、イスラエルといった国々は、CSAR用のヘリコプターを配備し、この任務を遂行するための激しい訓練を続けている。

これに関して、アメリカ同様に熱心なのはイギリスである。陸海空の三軍が独自に救出部隊を持っている。

ただその呼び方は強襲救出チームとなっていて、呼び名はARCと思われる。

しばらく前まではウエストランド・ウェセックスヘリコプターが使われており、これもアメリカと同様二機の編成となっていた。また救助を担当する兵士は、海兵隊所属であることが多い。しかし正式な編成、組織、使用機などについての詳細は公表されていない。

エアショーなどでＡＲＣの活動を見ていると、かなりの部分がアメリカのＣＳＡＲとよく似ている。強行着陸にあたって煙幕の大量使用が相違点であろうか。いずれにしても戦闘捜索救難という組織は、あらゆる兵科のなかでもっとも危険と遭遇する確率が高く、それだけ高い評価と尊敬を受けていると考えて良い。

第16話　アメリカ海軍航空部隊の戦略要素

――カタパルトの有用性

つい最近、テスト航海を終えた中国海軍の新鋭航空母艦山東。この艦名は正式なものではないが、仮にこのように呼ぶことにしよう。

彼女は全長三一五メートル、排水量六万トンという巨大な空母である。原子力推進ではなく通常型だが、アメリカの原子力空母を除けば、間違いなく世界最大である。

しかしひとつ前の遼寧、その前身であるロシアのアドミラル・クズネッコフと同じように、艦載機の発艦にはカタパルト／射出機ではなく、前部が反りあがった、いわゆるスキージャンプ方式である。

なぜこれらの三隻は、カタパルトを採用しないのか、またこのシステムはどうしても必要なのか、論じてみよう。

太平洋戦争の開戦の頃から、アメリカ空母はカタパルトを装備し始めた。艦載機の離艦を、これによって容易にするだけではなく、発艦のさいの重量を大幅に増やすことができる。

この方式には火薬、油圧、はずみ車、圧縮空気式などがあり、いろいろ試作され最終的にボイラーの蒸気を利用するのが最適となった。

しかし初期には故障が続き、アメリカの空母もこれに悩まされた。一九四二年ごろから次第に取扱いに慣れ、空母が風上に向かって高速で走ることにも助けられ、その威力を発揮する。

同じ数の艦載機を発進させるために必要な時間は半分になり、カタパルトを持たない日本の空母を時代遅れのものにする。

なかでも顕著なのは、排水量一万トン以下の小型空母カサブランカ級への装備であった。これを使えば重さ七トンの航空機を、七秒のうちに四〇メートルの距離で一四〇キロ／時まで加速できるのである。

このためあらゆる点で弱体な空母でも、大型の攻撃機グラマンＴＢＦアベンジャーを発進させることができた。これは日本海軍の小型空母ではとうてい考えられぬ能力である。

また原子力空母が就役すると、射出に必要な蒸気が充分供給され、より重く、大きな航空機が発艦できるようになった。

現在、アメリカ海軍で運用されている大型の艦載機を調べてみると

・グラマンE－2ホークアイ警戒管制機
・グラマンC－2グレイハウンド輸送機

で、どちらも重量二五トン前後。翼幅は二五メートルとなっている。かつてはゼネラル・ダイナミックスF／A111（重量三六トン）、も。

また一九六三年九月、一一月には空母フォレスタルが、海兵隊のロッキードC－130ハーキュリーズ輸送機（翼幅四〇メートル、七〇トン）を発着させている。

このときはカタパルトおよび着艦フックは使われておらず、また離陸補助ロケットRATOも使用しなかった。

アメリカ海軍、海兵隊は永くこの試験を秘密にしており、公開されたのはごく最近であった。

さて肝心のカタパルトであるが、この有無がそのまま艦載機の能力に直結する。このシステムがないと、艦載機は重量のある爆弾、ミサイル、増加燃料タンクを積むことはできない。

カタパルトの軌道を見る。後方はF－14トムキャット

グラマンA-6の発艦。グルーブから蒸気が噴き出ている

最近、ときおりテレビなどで放送される中国、ロシアの空母を見ると、確かに図体は大きい。とくに上部構造物はビルディングそのものである。

ところが艦載機の発艦シーンとなると、装備品の貧弱さに驚かされる。両翼に空対空ミサイルは装着しているものの、それ以外の爆弾、ミサイル、燃料タンクなどは全く見当たらず、まさにクリーンそのもの。

機種は最新のスホーイSu－27K、同33、MiG－29K、そしてその中国版なのだが、いわゆる〝吊るしもの（外部装備品は）〟は皆無である。

要するにスキージャンプ方式では、外部から運動エネルギーの助けがないので、フル装備では発艦できない。

この点が、アメリカの空母とは全く異なる。同国海軍の最新の空母G・フォードの装備するC－13型カタパルトは、長さ九四メートル、重さ三五トンの物体を三〇〇キロ／時近い速度で打ち出すことが出来る。

この能力があれば、F／A－18ホーネットに代表される戦闘用艦載機を外部装備品満載でも射出可能。

スキージャンプとは次元の異なる戦闘力を有するのであった。この事実をロシア、中国海軍とも充分以上に理解している。

それではなぜクズネツコフ、遼寧、山東といった空母にカタパルトを取り付けないのか、ということになるが、その答えは二つある。

・技術的に開発、装備が不可能

・原子力推進でないと、蒸気エネルギーの不足

とくに前者について、かつて世界のエンジニアたちが、「アメリカ以外では製造できない技術」として、この蒸気カタパルトを挙げていることからもわかろう。さらに例え蒸気に代わる電磁カタパルトを開発しても、運用に必要な電気エネルギーをどのようなプラントから得るのか、といった問題が残る。

こうなるとやはり空母の理想形は原子力を動力とするものであり、これが完成しないかぎり艦載機を思う存分使いこなすことはできない。

したがってロシア、中国の造船技術をもってしても、アメリカ海軍と並ぶだけの実力を手に入れるには、少なくとも二〇年近い歳月が必要になるのは間違いないはずである。

次に種々の艦載機の要目を掲げておく。

大型艦載機の比較

機種名　　グラマンＴＢＦアベンジャー

エンジン基数　R×一
全幅　一六・五m　自重　四・九t
総重量　八・一t　用途　攻撃機

機種名　ノースアメリカンB-25ミッチェル
エンジン基数　R×二
全幅　二〇・六m　自重　八・八t
総重量　一五・三t　用途　爆撃機

機種名　中島九七艦攻
エンジン基数　R×一
全幅　一五・二m　自重　二・三t
総重量　三・八t　用途　攻撃機

機種名　グラマンF-14トムキャット
エンジン基数　J×二

全幅　一九・五m　自重　一九・一t
総重量　三三・一t　用途　戦闘機

機種名　GD・F－111アドバーク
エンジン基数　J×二
全幅　一九・二m　自重　一九・一t
総重量　三四・五t　用途　攻撃機

機種名　グラマンC－2グレイハウンド
エンジン基数　TP×二
全幅　二四・六m　自重　一八・一t
総重量　二六・一t　用途　輸送機

機種名　グラマンE－2ホークアイ
エンジン基数　TP×二
全幅　二四・六m　自重　一八・四t

総重量　　　　二四・七t　用途　　　　早期警戒機

機種名　　　　ロッキードC－130ハーキュリーズ
エンジン基数　TP×四
全幅　　　　　四〇・四m　自重　　　　三二・三t
総重量　　　　七〇・三t　用途　　　　輸送機
（R：レシプロエンジン、J：ジェットエンジン、TP：ターボプロップエンジン）

第17話　暗黒の訪問者
――シュトルヒとライサンダー

もっとも華麗な活躍を見せる軍用機といえば、間違いなく戦闘機だろう。一方、地味な分野を探すと、ここで紹介する連絡機であるかもしれない。

それもあまり人目につかない夜間に、ひっそりと活動する〝夜行性〟の連絡機を取り上げてみよう。

太平洋と西ヨーロッパ戦域のもっとも大きな相違は、交戦国同士の距離の問題がある。アメリカと日本、イギリスとドイツを比較すると、前者は数千キロ、後者はその三〇分の一である。

さらにもう一つの違いは、人種で白人と黄色人種、白人同士である。

ここから本題に入るが、イギリスとドイツは近い距離にあって人種の外見も見分けがつきにくい。

ということは互いにスパイ、情報員を送り込み易いことになる。

とくに一九四〇年にドイツがフランス全土を占領して以来、ドイツとイギリスは一〇〇キロ以下の距離まで近づいた。

これによりドイツは敵国に多数のスパイ、情報員、諜報員を送り込む。もっとも多く使われたのは、月の無い夜の闇にまぎれて、航空機を潜入させる方法であった。

このため短距離の離着陸が可能、できるだけ静かに飛行できるようなことといった条件が必要である。

操縦士以外に一人を載せ、砂浜、野原などの不整地でも使えることも必須であろう。

ドイツ側が投入したのは、フィゼラーFi-156シュトルヒ（コウノトリの意）であった。写真からもわかるとおり、全身が黒く塗られ、アスペクト比（縦横比）の大きな主翼を持っている。

構造は鋼管布張りの胴体に、木製の主翼、長く伸びた主脚の支持棒が特徴である。大きなフラップ（下げ翼）と五メートルの向かい風を利用したときは、着陸離陸に六〇メートル四方の広場しか要しない。

また進入にはエンジンを停止し、グライダーと同じように着陸する。

ヘリコプターではないが、風速一〇メートル程度の風があると、空中に停止しているように感じられる。

シュトルヒはこの任務を遂行するには、もってこいの機種であった。大戦中にイギリス本土に潜入した本機の回数は、実に一〇〇〇回に上ると言われている。もちろん身元が暴露され、脱出の必要がある人物を迎えに出動したこともあったはずである。

イギリスにもほとんど同様の航空機があり、これがウエストランド・ライサンダーで、この名前は古代ギリシャの英雄から付けられている。

高翼、高アスペクト比の主翼、タンデム二人乗り、固定脚、優れた低速、不整地発着能力とこの二機は本当に良く似ている。

こちらも戦争中に、ドイツ占領下のフランスにたびたび潜入し、工作員を送り込んだ。同国では対独レジスタンスが、活発に活動していた。

イギリスには、フランスの亡命政府〝自由フランス〟が作られていたから、この組織とレジスタンスの連絡は欠かせない。

シュトルヒ、ライサンダーとも侵入を阻止する側には、やっかいな相手であった。闇夜にまぎれて超低空で入ってこられると、レーダーではほとんど捕捉できない。このような状況は、太平洋戦域ではほとんど存在しなかった。

また両機とも陸軍の指揮官を乗せて、野戦の戦場を飛び回ることもしばしばであった。

砂漠のキツネとして知られるドイツのE・ロンメル将軍も専用のシュトルヒを持ち、北アフリカの戦場を作戦指揮のため移動した。上空から敵軍の動きを察知し、すぐに味方の部隊の近くに着陸、命令を伝えるのである。

また同機は政変で幽閉されていたイタリアのムッソリーニ総統を、アルプスの収容所から救出したことでも知られている。このさいには、収容所のすぐわきの斜面に強行着陸し、目的を果たした。

不整地でも離発着可能な、この種の航空機の利点が見事に活かされていた。

ライサンダーと比べて、構造が簡単で、製造費も極めて安価なシュトルヒは、戦争が終わってからフランス、チェコなどで生産されている。したがってその総数は三〇〇〇機近いと思われる。

現在もフランス、ドイツ、アメリカで多くのシュトルヒが現役にある。それにしても記載した同機の計器盤の写真を見れば、飛行に必要な最小限の装置しかついていないことがわかる。ということは気軽にフライトを楽しめるということなのであろう。

ところで我が国にも、この機種に近い航空機が存在した。国際航空工業のキ七六と

大きな翼幅と頑丈な主脚が特徴のライサンダー多用途機

黒く塗られ夜間の敵地侵入を任務とするフィゼラー・シュトルヒ

シュトルヒの簡単な計器盤と操縦席

いう記号をもつ三式指揮・連絡機である。日本航空史のなかでこの任務（指揮・連絡）を専門とする機種はこれしかない。設計にあたってはシュトルヒを参考にしただけあって、性能的にはそれを上回る。

この三式は、本来の任務に加えて特設の航空母艦に搭載され、爆雷を抱えて、対潜哨戒にも活躍した。このさいには低速飛行の性能が活き、戦争の後半にはもっとも重要な航空機と評価されている。

艦載機には性能ばかりを狙わず、使い易さと効率を優先した機種も必要であったということだろう。シュトルヒ、ライサンダーとちがって、三式指揮・連絡機が全く残されていないのがしごく残念に思われるのであった。

各機の性能比較

機種名	ウエストランド・ライサンダー		
全幅	一二・三m	全長	九・三m
翼面積	二四・二㎡	自重	一八四〇kg
エンジン出力	八九〇HP	最大速度	三七〇km／時
航続距離	九七〇km	離陸滑走距離	九〇m

乗員数　二名　生産数　一三七〇機
初飛行　一九三六年六月

機種名　フィゼラーFi－156
全幅　一四・三m　全長　一〇m
翼面積　二六㎡　自重　九三〇kg
エンジン出力　二四〇HP　最大速度　一七五km／時
航続距離　三九〇km　離陸滑走距離　四五m
乗員数　三名　生産数　二五〇〇機
初飛行　一九三九年七月

機種名　国際キ七六三式指揮・連絡機
全幅　一五m　全長　九・六m
翼面積　二九・四㎡　自重　一一〇〇kg
エンジン出力　三一〇HP　最大速度　一八〇km／時
航続距離　七五〇km　離陸滑走距離　五八m

乗員数　二〜三名　生産数　不明
初飛行　一九四一年五月

第18話　二番手大活躍

——BOBにおけるハリケーン

　第二次大戦で大国フランスは、ドイツの電撃戦の前にもろくも敗れた。すでにオランダ、ノルウェーは占領下にある。こうなると世界の目は、大陸の近くに位置するイギリスに向けられるのは当然であった。

　もしナチス・ドイツ第三帝国がイギリスを手中に収めれば、西ヨーロッパのすべてが一人の男A・ヒトラーのものになる。

　このような状況の中、イギリス首相W・チャーチルは、国民に呼びかけ徹底抗戦を宣言する。

　そして一九四〇年の夏、〝英国の戦い／バトル・オブ・ブリテン／BOB〟として後世に残る大航空戦が幕を上げるのである。

攻撃する側は
・占領下のフランスから来襲する戦闘機、急降下爆撃機
メッサーシュミットBf109、ユンカースJu−87スツーカ
・同じく占領下のノルウェーから飛来する双発戦闘機、中型爆撃機
メッサーシュミットMe110、ハインケルHe111など
で総数は2500機という大戦力であった。
一方、迎撃するイギリス空軍RAFは
・スーパーマリン・スピットファイア　三七〇機
・ホーカー・ハリケーン　七一〇機
で、機数から言えば、旧式に近いハリケーンが七割を占めていた。BOBの期間はいろいろな判断ができるが、実質的に一九四一年七〜一〇月の四ヵ月間である。ドイツ側の目標は、航空機工場、造船所などであったが、のちには首都ロンドンもそのなかに含まれることになる。

七月から本格化した空の戦いは、もっぱらドイツ軍の攻勢、イギリス軍の迎撃という形になる。それは九月中旬に山場を迎えるが、イギリスの戦闘機隊は、かなりの犠牲を払いながらも、敵に大打撃を与え祖国を守り抜く。

最終的にドイツ側は戦闘機五五〇機、急降下爆撃機五〇機、双発爆撃機三五〇機を失った。これに対してイギリスの損失は七三〇機となっている。さらに搭乗員はドイツの二五〇〇名と、イギリスの一〇〇〇名（地上での損害を含む）が戦死している。

このＢＯＢにおけるイギリス側の勝利の要因については、これまで別なところで述べているが、自国の上空で戦ったこと、新兵器レーダーによる情報の取得が挙げられる。

しかし本稿の主旨は、ＢＯＢの結果ではなく、イギリス戦闘機隊の二種に関する話題である。

この戦闘でイギリス側は、高性能なスピットファイアをＢｆ109に向け、性能面で劣るハリケーンに爆撃機を担当させた。これは見事な成功を収めたものの、戦後に人々の賞賛はもっぱらスピットに集まった。

この戦闘機は、実に美しいスタイルで知られ、航続力が不足していることを除けば超一流の性能を持っていた。ドイツのＢｆ109と互角以上に戦い、またそれらをエスコートしている爆撃隊から引き離すのも容易であった。

大英帝国の守護神という名を欲しいままにし、現在でも世界で五〇機近くがフライアブルな状況にある。

零戦を大きく上回り1万3000機も量産されたハリケーン

本機は艦隊航空用に改造され着艦フックを持ったシーハリケーン

まさに才色兼備、スタイル抜群の女性であろう。そう言えばスピットファイアには〝気の強い美人〟という意味もある。

その一方でホーカー・ハリケーンは、スピットと同じエンジンを装備していながら、なんとなく野暮ったい印象が否めない。

これは厚い主翼、猫背の胴体上部、鋼管布ばりの構造からくるものであろう。

両機の初飛行はハリケーンが一九三五年一一月で、スピットはその半年後である。

しかし洗練の度合いは誰の目にもはっきりしている。

けれども最近になって、BOBの真の立役者はこれまで二番手といわれてきたハリケーンではないか、という意見が出始め、多くの人がそれに同調している。

確かに機数が圧倒的に多かった分、ドイツ機の撃墜数はスピットを大きく上回る。

しかも戦果の大部分は複数の乗員が乗る爆撃機である。

ハインケル、ドルニエといった双発爆撃機を製造するに必要な材料、労力は、Bf109の四～五機分に相当する。

この事実はドイツ空軍ルフトバッフェに大きな痛手となり、ついには英国占領の夢を打ち砕いたのである。とくにハリケーンの武装は強力で、BOBの頃には一二・七ミリ機関銃八梃、あるいは二〇ミリ機関砲四門装備というタイプさえ現われた。日本陸軍の一式戦隼のそれが一二・七ミリ二梃だけと聞くと、あまり格好の良いとはいえないハリケーンが急に頼もしく思えてくる。事実、ＢＯＢのあとは、爆弾、ロケット弾を装備して、北アフリカなどで猛威をふるった。これはハリケーンボマー、略してハリボマーと呼ばれた。

優美な外観のスピットとちがって、健康な太り気味の田舎娘といった印象であるが、ドイツの搭乗員にとっては極めて恐ろしい敵であった。

このこともあって近年、機名ハリケーンをそのまま使った映画も作られているから、我々も彼女に対する見方と評価を再考しなければならないようだ。なおフライアブルなハリケーンとその海軍型シーハリケーンは、イギリスに五、六機、ほかにカナダ、オーストラリア、ニュージーランドに残されている。

第19話　ＭｉＧとの対決
――朝鮮戦争におけるボーイングＢ―29爆撃機

アメリカが大日本帝国を降伏に追い込んでから約五年、今度はすぐ西の朝鮮半島で戦火が上る。資本主義陣営の韓国と社会主義陣営の北朝鮮の対決で、前者をアメリカ主導の国連軍、後者を中国、ソ連が後押しする大戦争となった。

戦闘は北緯三八度線周辺ではじまったが、その後一進一退を繰り返し、ちょうど一〇〇〇日間にわたって続く。あわせて二四〇万人を超す犠牲者を出しながらも、三年後に休戦に至るが、国境線は開戦時とほぼ同じ、という有様であった。

そして航空戦に関しての大要は以下の通りである。

・アメリカ、国連軍

最初から最後までつねに積極的に攻勢。とくに空母機などの海軍航空の存在は大きかった。対地攻撃では多大な戦果を挙げるが、その分損耗も多かった。

・北、中国、ソ連軍

大量のジェット戦闘機を投入し、迎撃に専念。その勢力は、アメリカ、国連軍を上回った。ただし対地攻撃はほとんど実施していない。

このように航空戦はアメリカ軍、国連軍が圧倒していた。その一方でソ連製のミコヤン・グレビッチＭｉＧ－15ジェット戦闘機は、高度な運動性を持ち、国連軍の航空機を散々に悩ませた。

ここでは太平洋戦争でサイパン、テニアン島から飛来し、日本の国土の大部分を焦土と化した大型爆撃機ボーイングＢ－29スーパーフォートレスに焦点を当てて、その活動を見ていく。

なぜなら日本における戦闘とは異なり、迎撃してくるのは新鋭ジェット機ミグであるから、どうしてもこの空中戦の成り行きを見てみたい、ということなのである。Ｂ－29は、当時の我が国の爆撃機とは比較にならないほどの高性能であった。

それが朝鮮半島上空で、同じように威力を示せるかどうか、誰もが気になるところである。

戦いが始まると、三五〇機が日本の基地に集結し、韓国に侵攻した北の地上軍を爆撃する。北朝鮮には、これといった戦略目標が存在しなかったので、目標はもっぱら北の陸軍である。戦争の前半、共産側はＢ－29に対する迎撃の手段を持たなかった。

しかし中期以後、ミグ戦闘機が群れをなして襲ってくるという状況になった。もちろんロッキードＰ－80、リパブリックＰ－84、イギリスのグロスター・ミーティアなどがエスコートを行なうが、これは決して充分とは言えなかった。性能的にミグがこれらの直線翼戦闘機より、すべての面で勝っていたからである。そのためノースアメリカンＦ－86セイバーが派遣されるが、これでもＢ－29の損害は少なくなかった。

ミグの三七ミリ機関砲は、砲弾の重量が大きいので、一発でも命中すればＢ－29はかならずなんらかの損傷を受ける。ただミグ機の携行弾数はわずか八〇発にすぎず、これが弱点になっていた。

一九五一年四月一二日には四八機からなるＢ－29が、二四機のＦ－84に護衛されて三八度線付近の敵軍を爆撃した。

このさいには四〇機のミグが上空から攻撃して来て、激しい空中戦となった。Ｆ－84サンダージェットは必死に爆撃隊を守ろうとしたが、数の差に加えて性能的にも不利であった。

Ｂ－29は三機が撃墜され、七機は重大な損害を受けている。さらにＦ－84も一機が失われた。ミグの損失は三機とされている。同じ機数でも一〇名が乗り込み、重量六〇トンのB－29と、単座で四トンのミグでは、損害の差は充分に大きい。

この戦いのあと、アメリカ空軍は護衛戦闘機の数を増やすとともに、周辺の飛行場を事前に攻撃している。

ただミグの中には聖域となっている中国本土の基地を利用している部隊もあって、どうしても最終的な決着はつきそうになかった。

それでもセイバー戦闘機が多数配備されると、共産側の攻撃は下火になり、この戦争に登場した唯一の四発爆撃機は、休戦まで出撃を続けることができた。

一〇〇〇日間に投下した爆弾の量は一七万トンで、対日戦とほぼ同様である。機数が少ないにもかかわらず、この投弾量になった理由は基地と戦場の距離が近かったことによる。東京―サイパンは片道二〇〇〇キロだが、朝鮮半島の場合では三〇〇～六〇〇キロであった。当然、搭載できる爆弾の量は増え、ときには一日に二回出撃することさえあった。また共産側の戦闘機、爆撃機が国連軍の飛行場を攻撃することは、緒戦の一時期を除いて、全くなかった。

この理由は不明だが、北、中国の背後にあって戦争の拡大を恐れるソ連政府の判断だったのであろうか。なおミグ戦闘機はすべてソ連製であったから、北、中国はまっ

北朝鮮空軍のマークをつけたMiG－15/17

たく北方の大国に逆らえなかった。

アメリカ空軍の発表によると、ミグに撃墜されたB－29は一六機、大きな損傷を受け帰還はしたものの、廃棄処分となったのは三八機である。さらに高射砲により四機、事故など、いわゆる運用損失で一四機が失われた。しかし防御機関銃は有効で、一七機のミグを撃墜している。とくに胴体上部の動力銃座に取り付けられている四連装の一二・七ミリ機関銃は、かなりの威力を発揮した。

このように見ていくと、一時流れた「朝鮮戦争において、B－29はミグ戦闘機によって大打撃を受けた」という噂は真実でないと思われる。

五四機の損害で一七万トンの投弾量であるならば、この大型爆撃機のコストパフォーマンスは充分釣り合ったと見るべきであろう。

出撃数に対する損失の割合は、日本本土空襲と大差なかったはずである。

第20話　人々を惹きつける魅惑のフライト
――エアショーにおける筋書のあるイベント

世界の先進国を中心に航空機ファン、マニアは数多く、そのため規模の大小はあるものの、航空ショーは多分年間一〇〇〇回くらい開催されているはずである。厳冬の季節には開かれないが、そのぶんハイシーズンには同じ国内で、日程的に重複して存在する。

いつも気になるのはイギリスのエアタトゥー（コスフォード基地）、フライングレジェンド（ダックスフォード飛行場）という二つの大規模ショーである。

前者は軍用の現用機、後者はもっぱらウォーバーズ（大戦機）が主役。どちらも七月中旬で、同時に一〇〇キロほど離れた場所で開催される。したがって一度に二つを見学することは難しい。

なにかここ数年、両者が意地を張って、同じ週末に開いているような気がする。話し合って一週間ずらしてくれれば、ファン、マニアは大いに喜ぶと思うのだが。

ところでアメリカのエアショーでは、他の国では決して見られないイベントがあるが、それは航空機がただ飛ぶだけではなく、一つの筋書に従って行なわれるものである。

このようなフライトは、我が国はもちろん、イギリス、ロシアでも全く企画、実現されていない。

なかでもいちばんわかりやすいのが、テキサス州ミッドランドで毎年九月はじめに開催されるＣＡＦエアショーである。かつてコンフェドレーテッド（南部連邦）空軍ショーと呼ばれていたが、現在では同じＣＡＦという組織ながら、コメモラティブ（記念的な）空軍ショーとなっている。

こちらは第二次世界大戦中の、歴史的な航空戦をフライアブルなウォーバーズを駆使して再現する。それらは以下の通り。

・英国の戦い　スピットファイア、Ｂｆ109など
・真珠湾攻撃　零戦、Ｐ－40、Ｂ－17などが登場
・ミッドウェー海戦　零戦、Ｆ４Ｆ、九九式艦爆など

・マリアナ沖海戦　零戦、Ｆ６Ｆなど
・ドイツ本土爆撃　Ｐ－47、Ｂ－17、Ｂ－24など

このようにあわせて一〇テーマ前後である。できるだけ臨場感を出すために緊急用のサイレンを鳴らしたり、爆薬を爆発させたりといった演出が行なわれ、その大音響と爆煙の中を大戦機が飛び回る。

これは迫力から言って充分見ごたえがあるのだが、最後のＢ－29爆撃機による原爆の投下には正直なところ反発を感じる。日本からたびたび抗議が寄せられてはいるが、ＣＡＦは中止しようとしない。

大多数のアメリカ人にとって、核兵器の使用は肯定されているようである。やはり被害国とそうでない国との意識の差は、埋めようがない。これを除くと七〇年以上前の航空戦は、日本の各所で再現される古戦場の戦いの歴史絵巻、例えば川中島の戦いと同じようなものなのであろう。

世界中を見渡しても、このような筋書のあるエアショーは、このＣＡＦだけである。ただしこれは毎年同じ演出繰り返しなので、別のイベントを紹介しよう。

もう一つの、似た形のイベントは、アメリカ各地のショーではかなりの数が行なわれているが、今回はカリフォルニア州チノのＰＯＦエアショーのものをとり上げる。

上：敵の地上部隊発見を報告するT－6テキサン前線管制機
下：早速敵軍を攻撃するB－26インベーター中型爆撃機

上：B－26の攻撃を阻止しようと飛来したYak－3戦闘機
下：戦場上空の空中戦。MiG対F－80、F－86

こちらは毎年おなじテーマで開かれるわけではなく、いろいろなパターンがあるが、そのうちのひとつを紹介する。
・朝鮮戦争において、前線の国連軍部隊に共産軍の大部隊が接近している。
・偵察のノースアメリカンT－6テキサンがこれを発見し、阻止のためダグラスA－26インベーダー攻撃機を呼び寄せるが、敵軍にはヤクYaK3戦闘機が上空掩護に配備しており、攻撃機は追い返されてしまった。
・そのためロッキードP－80ジェット戦闘機が出動し、ヤクを撃退しようとしたが、今度はその応援にミグMiG15が登場。P－80は危機に陥った。
・これを見たアメリカ軍は、ノースアメリカンF－86セイバーを投入、ここに激しい空中戦が展開される。またこの様子をT－6のパイロットが機上から報告。
観衆はそれを聴きながら、この空中戦を見る。

観客席の前にはいくつかのスピーカーが置かれ、無線を通して、戦いの状況が実況中継される。この放送は、緊迫感に溢れていて早口でそのうえ空軍独特のスラングが多く、細かいところはほとんどわからない。

しかしここに挙げた軍用機の名称、用途を知っている者であれば、充分楽しめるのである。セイバー対ミグというジェット戦闘機が、朝鮮半島の上空そのままに空中戦を繰り広げるのであるから。

またネバダ州のネリスのエアショーでは、ベトナム戦争を舞台にしたショーも行なわれる。これは撃墜された友軍のパイロットを救出するコンバットレスキューで、これまた上空のセスナL－19バードドッグからの中継がなされ、臨場感を盛り上げる。主役はダグラスA－1スカイレイダーである。

さらにニュージーランドのワナカでは、上記のショーとは多少異なるが、これまた興味深い。某国にある国連軍基地を一〇機近い国籍不明機（いずれもT－6が演じる）が攻撃。これを呉越同舟の米英独露の戦闘機（マスタング、スピット、コルセア、Bf109、YaK－3など）が迎撃、空中戦で全てを撃墜するという筋書のイベントも行なわれている。

いずれも大空いっぱいにレシプロエンジンの咆哮が広がり、多数のウォーバーズがドッグファイトを繰り返し乱舞する。

人間にはいろいろな趣味が存在するが、著者の場合晴れた青空のもと、望遠レンズ付きのカメラを持ち、これを眺めるのが至福の時間なのであった。

NF文庫書き下ろし作品

NF文庫

航空戦クライマックスⅠ
二〇二三年二月二十三日　第一刷発行
著　者　三野正洋
発行者　皆川豪志
発行所　株式会社　潮書房光人新社
〒100-8077　東京都千代田区大手町一-七-二
電話／〇三-六二八一-九八九一(代)
印刷・製本　凸版印刷株式会社
定価はカバーに表示してあります
乱丁・落丁のものはお取りかえ致します。本文は中性紙を使用
ISBN978-4-7698-3297-3　C0195
http://www.kojinsha.co.jp

NF文庫

刊行のことば

第二次世界大戦の戦火が熄んで五〇年——その間、小社は夥しい数の戦争の記録を渉猟し、発掘し、常に公正なる立場を貫いて書誌とし、大方の絶讃を博して今日に及ぶが、その源は、散華された世代への熱き思い入れであり、同時に、その記録を誌して平和の礎とし、後世に伝えんとするにある。

小社の出版物は、戦記、伝記、文学、エッセイ、写真集、その他、すでに一、〇〇〇点を越え、加えて戦後五〇年になんなんとするを契機として、「光人社NF（ノンフィクション）文庫」を創刊して、読者諸賢の熱烈要望におこたえする次第である。人生のバイブルとして、心弱きときの活性の糧として、散華の世代からの感動の肉声に、あなたもぜひ、耳を傾けて下さい。

＊潮書房光人新社が贈る勇気と感動を伝える人生のバイブル＊

NF文庫

写真 太平洋戦争 全10巻〈全巻完結〉
「丸」編集部編
日米の戦闘を綴る激動の写真昭和史――雑誌「丸」が四十数年にわたって収集した極秘フィルムで構築した太平洋戦争の全記録。

航空戦クライマックスI
三野正洋
第二次大戦から現代まで、航空戦史に残る迫真の空戦シーンを紹介――実際の写真とCGを組み合わせた新しい手法で再現する。

陸軍看護婦の見た戦争
市川多津江
傷ついた兵隊さんの役に立ちたい――〝白衣の天使〟の戦争体験。志願して戦火の大陸にわたった看護婦が目にした生と死の真実。

零戦撃墜王 空戦八年の記録
岩本徹三
撃墜機数二〇二機、常に最前線の空戦場裡で死闘を繰り広げ、みごとに勝ち抜いてきたトップ・エースが描く勝利と鎮魂の記録。

日本陸軍の火砲 迫撃砲 噴進砲 他
佐山二郎
歩兵と連携する迫撃砲や硫黄島の米兵が恐れた噴進砲、沿岸防御の列車砲など日本陸軍が装備した多様な砲の構造、機能を詳解。

陸軍試作機物語 伝説の整備隊長が見た日本航空技術史
刈谷正意
航空技術研究所で試作機の審査に携わり、実戦部隊では整備隊長としてキ八四の稼働率一〇〇％を達成したエキスパートが綴る。

＊潮書房光人新社が贈る勇気と感動を伝える人生のバイブル＊

ＮＦ文庫

シベリア抑留1200日 ラーゲリ収容記
小松茂朗
風雪と重労働と飢餓と同胞の迫害に耐えて生き抜いた収容所の日々。満州の惨劇の果てに、辛酸を強いられた日本兵たちを描く。

海軍「伏龍」特攻隊
門奈鷹一郎
海軍最後の特攻〝動く人間機雷部隊〟の全貌――大戦末期、敵の上陸用舟艇に体当たり攻撃をかける幻の水際特別攻撃隊の実態。

日本の謀略 なぜ日本は情報戦に弱いのか
楳本捨三
蔣介石政府を内部から崩壊させて、インド・ビルマの独立運動をささえる――戦わずして勝つ、日本陸軍の秘密戦の歴史を綴る。

知られざる世界の海難事件
大内建二
世界に数多く存在する一般には知られていない、あるいはすでに忘れ去られた海難事件について商船を中心に図面・写真で紹介。

「月光」夜戦の闘い 横須賀航空隊vsB－29
黒鳥四朗 著
渡辺洋二 編
昭和二十年五月二十五日夜首都上空…夜戦「月光」が単機、B－29を五機撃墜。空前絶後の戦果をあげた若き搭乗員の戦いを描く。

英霊の絶叫 玉砕島アンガウル戦記
舩坂 弘
二十倍にも上る圧倒的な米軍との戦いを描き、南海の孤島に斃れた千百余名の戦友たちの声なき叫びを伝えるノンフィクション。

＊潮書房光人新社が贈る勇気と感動を伝える人生のバイブル＊

NF文庫

日本陸軍の火砲 高射砲　日本の陸戦兵器徹底研究
佐山二郎
大正元年の高角三七ミリ砲から、太平洋戦争末期、本土の空を守った五式一五センチ高射砲まで日本陸軍の高射砲発達史を綴る。

戦場における成功作戦の研究
三野正洋
戦いの場において、さまざまな状況から生み出され、勝利に導いた思いもよらぬ戦術や大胆に運用された兵器を紹介、解説する。

海軍カレー物語　その歴史とレシピ
高森直史
「海軍がカレーのルーツ」「海軍では週末にカレーを食べていた」は真実なのか。海軍料理研究の第一人者がつづる軽妙エッセイ。

小銃 拳銃 機関銃入門　日本の小火器徹底研究
佐山二郎
銃砲伝来に始まる日本の〝軍用銃〟の発達と歴史、その使用法、要目にいたるまで、激動の時代の主役となった兵器を網羅する。

四万人の邦人を救った将軍　軍司令官根本博の深謀
小松茂朗
停戦命令に抗しソ連軍を阻止し続けた戦略家の決断。陸軍きっての中国通で「昼行燈」とも「いくさの神様」とも評された男の生涯。

日独夜間戦闘機　「月光」からメッサーシュミットBf110まで
野原　茂
闇夜にせまり来る見えざる敵を迎撃したドイツ夜戦の活躍と日本本土に侵入するB－29の大編隊に挑んだ日本陸海軍夜戦の死闘。

＊潮書房光人新社が贈る勇気と感動を伝える人生のバイブル＊

NF文庫

海軍特攻隊の出撃記録
今井健嗣
特攻隊員の残した日記や遺書などの遺稿、その当時の戦闘詳報、戦時中の一般図書の記事、写真や各種データ等を元に分析する。

最強部隊入門
藤井久ほか　兵力の運用徹底研究
旧来の伝統戦法を打ち破り、決定的な戦術思想を生み出した恐るべき「無敵部隊」の条件。常に戦場を支配した強力部隊を詳解。

玉砕を禁ず
小川哲郎　第七十一連隊第二大隊ルソン島に奮戦す
昭和二十年一月、フィリピン・ルソン島の小さな丘陵地で、壮絶なる鉄量攻撃を浴びながら米軍をくい止めた、大盛部隊の死闘。

日本本土防空戦
渡辺洋二　B－29対日の丸戦闘機
第二次大戦末期、質も量も劣る対抗兵器をもって押し寄せる敵機群に立ち向かった日本軍将兵たち。防空戦の実情と経緯を辿る。

最後の海軍兵学校
菅原　完　昭和二〇年「岩国分校」の記録
配色濃い太平洋戦争末期の昭和二〇年四月、二度と故郷には帰らぬ覚悟で兵学校に入学した最後の三号生徒たちの日々をえがく。

最強兵器入門
野原茂ほか　戦場の主役徹底研究
米陸軍のP51、英海軍の戦艦キングジョージ五世級、ソ連陸軍の重戦車JS2など、数々の名作をとり上げ、最強の条件を示す。

＊潮書房光人新社が贈る勇気と感動を伝える人生のバイブル＊

NF文庫

満州崩壊　昭和二十年八月からの記録
楳本捨三
孤立した日本人が切り開いた復員までの道すじ。ソ連軍侵攻から国府・中共軍の内紛にいたる混沌とした満州の在留日本人の姿。

日本陸海軍の対戦車戦
佐山二郎
一瞬の好機に刺違え、敵戦車を破壊する！　敵戦車に肉薄し、跳び乗り、自爆または蹂躙された。必死の特別攻撃の実態を描く。

異色艦艇奮闘記
塩山策一ほか
艦艇修理に邁進した工作艦や無線操縦標的艦、捕鯨工船や漁船が転じた油槽船や特設監視艇など、裏方に徹した軍艦たちの戦い。

最後の撃墜王　紫電改戦闘機隊長 菅野直の生涯
碇　義朗
松山三四三空の若き伝説的エースの戦い。新鋭戦闘機紫電改を駆り、本土上空にくりひろげた比類なき空戦の日々を描く感動作。

ゲッベルスとナチ宣伝戦　一般市民を扇動する恐るべき野望
広田厚司
一万五〇〇〇人の職員を擁した世界最初にして、最大の『国民啓蒙宣伝省』——プロパガンダの怪物の正体と、その全貌を描く。

ドイツのジェット／ロケット機
野原　茂
大空を切り裂いて飛翔する最先端航空技術の結晶——その揺籃の時代から、試作・計画機にいたるまで、全てを網羅する決定版。

＊潮書房光人新社が贈る勇気と感動を伝える人生のバイブル＊

ＮＦ文庫

人道の将、樋口季一郎と木村昌福
将口泰浩
玉砕のアッツ島と撤退のキスカ島。なにが両島の運命を分けたのか。人道を貫いた陸海軍二人の指揮官を軸に、その実態を描く。

最後の関東軍
佐藤和正
満州領内に怒濤のごとく進入したソ連機甲部隊の猛攻にも屈せず一八日間に及ぶ死闘を重ね守りぬいた、精鋭国境守備隊の戦い。

終戦時宰相 鈴木貫太郎
小松茂朗
昭和天皇に信頼された海の武人の生涯
太平洋戦争の末期、推されて首相となり、戦争の終結に尽瘁し日本の平和と繁栄の礎を作った至誠一途、気骨の男の足跡を描く。

艦船の世界史
大内建二
歴史の流れに航跡を残した古今東西の60隻
船の存在が知られるようになってからの約四五〇〇年、様々な船の発達の様子、そこに隠された様々な人の動きや出来事を綴る。

特殊潜航艇海龍
白石 良
本土防衛の切り札として造られ軍機のベールに覆われていた最後の決戦兵器の全容。命をかけた搭乗員たちの苛烈な青春を描く。

証言・ミッドウェー海戦
橋本敏男 田辺彌八ほか
私は炎の海で戦い生還した！
空母四隻喪失という信じられない戦いの渦中で、それぞれの司令官、艦長は、また搭乗員や一水兵はいかに行動し対処したのか。

＊潮書房光人新社が贈る勇気と感動を伝える人生のバイブル＊

NF文庫

中立国の戦い
飯山幸伸

スイス、スウェーデン、スペインの苦難の道標

戦争を回避するためにいかなる外交努力を重ね平和を維持したのか。第二次大戦に見る戦争に巻き込まれないための苦難の道程。

戦史における小失敗の研究
三野正洋

二つの世界大戦から現代戦まで

太平洋戦争、ベトナム戦争、フォークランド紛争など、かずかずの戦争、戦闘を検証。そこから得ることのできる教訓をつづる。

潜水艦戦史
折田善次ほか

深海の勇者たちの死闘！　世界トップクラスの性能を誇る日本潜水艦と技量卓絶した乗員たちと潜水艦部隊の戦いの日々を描く。

戦死率八割―予科練の戦争
久山　忍

わずか一五、六歳で志願、航空機搭乗員の主力として戦い、戦争末期には特攻要員とされた予科練出身者たちの苛烈な戦争体験。

弱小国の戦い
飯山幸伸

欧州の自由を求める被占領国の戦争

強大国の武力進出に小さな戦力の国々はいかにして立ち向かったのか。北欧やバルカン諸国など軍事大国との苦難の歴史を探る。

海軍局地戦闘機
野原　茂

強力な火力、上昇力と高速性能を誇った防空戦闘機の全貌を描く決定版。雷電・紫電／紫電改・閃電・天雷・震電・秋水を収載。

＊潮書房光人新社が贈る勇気と感動を伝える人生のバイブル＊

NF文庫

ゼロファイター 世界を翔ける！
茶木寿夫
かずかずの空戦を乗り越えて生き抜いた操縦士菅原靖弘の物語。腕一本で人生を切り開き、世界を渡り歩いたそのドラマを描く。

敷設艇「怒和島」
白石 良
七二〇トンという小艦ながら、名艇長の統率のもとに艦と乗員が一体となって、多彩なる任務に邁進した殊勲艦の航跡をえがく。

「烈兵団」インパール戦記 陸軍特別挺身隊の死闘
斎藤政治
ガダルカナルとも並び称される地獄の戦場で、刀折れ矢つき、惨敗の辛酸をなめた日本軍兵士たちの奮戦を綴る最前線リポート。

第一次大戦 日独兵器の研究
佐山二郎
計画・指導ともに周到であった青島要塞攻略における日本軍。軍事技術から戦後処理まで日本とドイツの戦いを幅ひろく捉える。

騙す国家の外交術 中国、ドイツ、アメリカ、ロシア、イギリス
杉山徹宗
卑怯、卑劣、裏切り…何でもありの国際外交の現実。国益のためなら正義なんて何のその、交渉術にうとい日本人のための一冊。

石原莞爾が見た二・二六
早瀬利之
石原陸軍大佐は蹶起した反乱軍をいかに鎮圧しようとしたのか。凄まじい気迫をもって反乱を終息へと導いたその気概をえがく。

＊潮書房光人新社が贈る勇気と感動を伝える人生のバイブル＊

NF文庫

下士官たちの戦艦大和　小板橋孝策
巨大戦艦を支えた若者たちの戦い！　太平洋戦争で全海軍の九四パーセントを占める下士官・兵たちの壮絶なる戦いぶりを綴る。

帝国陸海軍 人事の闇　藤井非三四
戦争という苛酷な現象に対応しなければならない軍隊の〝人事〟とは？　複雑な日本軍の人事施策に迫り、その実情を綴る異色作。

幻のジェット戦闘機「橘花」　屋口正一
昼夜を分かたず開発に没頭し、最新の航空技術力を結集して誕生した国産ジェット第一号機の知られざる開発秘話とメカニズム。

軽巡海戦史　松田源吾ほか
駆逐艦群を率いて突撃した戦隊旗艦の奮戦！　高速、強武装を誇った全二五隻の航跡をたどり、ライトクルーザーの激闘を綴る。

ハイラル国境守備隊顚末記　関東軍戦記　「丸」編集部編
ソ連軍の侵攻、無条件降伏、シベリヤ抑留――歴史の激流に翻弄された男たちの人間ドキュメント。悲しきサムライたちの慟哭。

日本の水上機　野原　茂
海軍航空揺籃期の主役――艦隊決戦思想とともに発達、主力艦の補助戦力として重責を担った水上機の系譜。マニア垂涎の一冊。

＊潮書房光人新社が贈る勇気と感動を伝える人生のバイブル＊

NF文庫

大空のサムライ　正・続
坂井三郎
出撃すること二百余回——みごと己れ自身に勝ち抜いた日本のエース・坂井が描き上げた零戦と空戦に青春を賭けた強者の記録。

紫電改の六機　若き撃墜王と列機の生涯
碇　義朗
本土防空の尖兵となって散った若者たちを描いたベストセラー。新鋭機を駆って戦い抜いた三四三空の六人の空の男たちの物語。

連合艦隊の栄光　太平洋海戦史
伊藤正徳
第一級ジャーナリストが晩年八年間の歳月を費やし、残り火の全てを燃焼させて執筆した白眉の〝伊藤戦史〟の掉尾を飾る感動作。

証言・ミッドウェー海戦　私は炎の海で戦い生還した！
橋本敏男　田辺彌八　ほか
空母四隻喪失という信じられない戦いの渦中で、それぞれの司令官、艦長は、また搭乗員や一水兵はいかに行動し対処したのか。

『雪風ハ沈マズ』　強運駆逐艦　栄光の生涯
豊田　穣
直木賞作家が描く迫真の海戦記！　艦長と乗員が織りなす絶対の信頼と苦難に耐え抜いて勝ち続けた不沈艦の奇蹟の戦いを綴る。

沖縄　日米最後の戦闘
米国陸軍省編　外間正四郎訳
悲劇の戦場、90日間の戦いのすべて——米国陸軍省が内外の資料を網羅して築きあげた沖縄戦史の決定版。図版・写真多数収載。